2013版 《建设工程工程量清单计价规范》宣贯培训丛书

工程造价八大精细化管理

吴 静 编著 尹贻林 主审

中国建材工业出版社

图书在版编目（CIP）数据

工程造价八大精细化管理 / 吴静编著．—北京：中国建材工业出版社，2013.8

（2013 版《建设工程工程量清单计价规范》宣贯培训丛书）

ISBN 978-7-5160-0534-7

Ⅰ．①工… Ⅱ．①吴… Ⅲ．①建筑造价管理 Ⅳ．①TU723.3

中国版本图书馆 CIP 数据核字（2013）第 177668 号

工程造价八大精细化管理

吴　静　编著

出版发行：中国建材工业出版社

地　　址：北京市西城区车公庄大街 6 号

邮　　编：100044

经　　销：全国各地新华书店

印　　刷：北京佳顺印务有限公司

开　　本：710 mm×1000 mm　1/16

印　　张：14.625

字　　数：161 千字

版　　次：2013 年 9 月第 1 版

印　　次：2013 年 9 月第 1 次

定　　价：41.00 元

网上书店：www.jccbs.com.cn

本书如出现印装质量问题，由我社营销部负责调换。联系电话：(010)88386906

前　言

2013版《建设工程工程量清单计价规范》于2013年7月1日正式生效，这标志着中国工程造价事业正在向放松管制走近，并向FIDIC合同体系和国际惯例靠拢。2013版《清单计价规范》充分考虑了未来建筑市场的市场化需要，制定了建筑市场秩序，让市场和公民自主选择，这是响应《国务院关于第六批取消和调整行政审批项目的决定》中“两个凡是[①]”的体现，为今后建筑市场的市场化推广做了良好的铺垫。

相较于2008版《清单计价规范》，2013版《清单计价规范》和《合同示范文本》在风险分担理论中强调了调价的应用，并且从对责任的强化来反映了2013版《清单计价规范》对风险分担理论的重视，具体包括：

1. 加强了发包方对工程量清单准确性的管理职责；
2. 加强了发包方对评标环节的管理职责；
3. 加强了发包方对物价波动引起调价的管理职责；
4. 加强了发包方对模拟工程量清单招标的管理职责；
5. 加强了发包方对措施费调整策略的管理职责；

① 凡公民、法人或者其他组织能够自主决定，市场竞争机制能够有效调节，行业组织或者中介机构能够自律管理的事项，政府都要退出。凡可以采用事后监管和间接管理方式的事项，一律不设前置审批。

6. 加强了发包方对招标控制价编制的管理职责。

与此同时，2013版《清单计价规范》规定平时工程中形成已确认的并已支付的工程量和工程价款直接进入结算，否定了竣工图重算加增减账法，意味着工程造价人员应重视每一次计量与支付，并且如果发生超付，则超付风险由发包人承担。

中国建设工程造价管理协会秘书长吴佐民同志对工程造价的实质做了如下解释：工程造价实质上是以工程成本为核心的项目管理。根据这一解释，工程造价既是一个概念，又是一系列管理活动的组合。因此，我们可以重构工程造价体系，即以项目管理为着眼点，以项目全生命周期为全过程，以成本管理理论为中心，以合同为依据，形成基于项目管理的工程造价体系。而这种新型的理论体系无疑是符合国际RICS/AACE/ICEC等组织对工程造价的定义，也有利于工程造价事业不断发展的趋势。

2013版《清单计价规范》宣贯系列丛书是在2013版《清单计价规范》的基础上，对工程造价体系进行全方位的解读与操作实务介绍。

此外，工程价款是对工程项目中合同价格等概念及支付、调价、索赔、签证、结算等各种活动的统称，这是一个介于工程监理活动和工程造价活动的Gap（缝隙），值得我们大力研究，我从2008年开始构思这一理论体系，并用了5年时间撰写讲稿并在工程造价咨询业界巡回演讲，进行工程造价纠纷处理等具体实务工作，这套丛书体现了上述思想，请广大同行借鉴并指正！

尹贻林　博士　教授

天津理工大学公共项目与工程造价研究所　所长

2013年8月

目　录

绪　　论

1. 总论

随着中国工程建设事业的大发展，建筑业企业包括建设单位、房地产公司、施工企业等面临着前所未有的机遇和挑战。2013 年为适应我国工程投资体制和建设管理体制改革的需要，我国全面推行了 2013 版《建设工程工程量清单计价规范》，以规范建设工程发承包双方的计价行为，整顿建筑业发展的市场环境，维护建设市场秩序，深化我国工程造价管理改革，为建立市场形成工程造价的机制奠定基础。然而在这样的形势下：作为业主方，在工程管理中仍然出现了“造价一超再超、工期一拖再拖”的难题；而作为承包商，则也面临着竞争加剧、利润低下的问题。有必要深究的是，业主方造价控制失误在哪些地方？亏损到底在何处？解决问题的出路又在何方？

问题的根源在于过去粗放型的工程造价管理模式，无法适应当前市场经济对精细化管理的要求，最终往往导致业主与承包商的无序纠纷状态。解决问题的根本出路在于工程造价管理必须进入到精细化管理的新时代。我国著名经济学家吴敬琏更是一针见血地指出：

“面对市场经济的直接压力，中国企业必须走精细化成本管理之路”。建筑业企业更不例外，工程造价管理便是首当其冲。

工程造价的精细化管理是业主为了更好地实现工程项目目标而主动实施的一种管理方法，寓于整个全过程造价管理之中。适当而合理的精细化管理，拓展了管理的宽度，加大了管理的深度，提高了管理的精确度，符合当前工程造价管理发展的趋势。

本书从业主管理视角出发，以“投资少、收益高、时间短、质量合格”为工程项目建设目标，经过归纳总结，提炼出其中最重要也是最关键的八个方面作为工程造价管理的亮点，即风险分担精细化管理、防范不平衡报价精细化管理、工程变更精细化管理、价款调整精细化管理、工程价款支付精细化管理、工程价款竣工结算精细化管理以及工程价款纠纷精细化管理，通过对这八大精细化管理的详细阐述，以期帮助业主理解工程造价精细化管理的理念并掌握实际方法，最终保证工程建设目标顺利实现。

2. 精细化管理的历史沿革

1911 年泰勒发表了《科学管理原理》一书，系统地阐述了以时间动作研究为主题的科学管理思想，这是世界上第一本精细化管理的著作。“二次大战”后，企业生产规模日益扩大，生产技术日趋复杂，产品更新换代周期大大缩短，生产社会化使企业间的协作大大增强。这种情况，对企业经营管理提出了更加精细化的要求。于是一批专家学者，将严密而精细的自然科学和工程技术领域的理论与方法，引入到经济领域，用以解决企业管理上的种种问题。管理科学学科的发展为企业的管理精细化提供了许多有益的方法和工具，对推进精细化管理起到了重要作用。

精细化管理是以精细操作为基本特征，通过改造员工素质，克服惰性、控制滴漏，强化链接协作管理，从而提高项目整体效益的管理方法。精细化管理最早出现在类似汽车、家用电器等大规模的工业制造业中，这类企业通过实施精细化管理的思想来对企业的生产流程和管理流程进行优化。“零缺陷”、“准时化生产”、“零库存”等也已成为精细化管理的代名词，并且这些思想被许多知名企业广泛应用在企业管理过程中，其中，日本丰田的精细化生产最为人们所津津称道。

日本自从“二战”以后，快速发展国内经济，汽车、钟表、摩托车、摄影机、钢铁等日本制造的产品快速占领欧美市场，美日竞争日益激烈。在这种环境背景之下，日本的企业为了在竞争中占据一席之地，必须要提高自身产品的竞争力，不断提高产品品质和降低生产成本，因此，品质控制、无缺点运动、全面质量管理、精益生产等一些精细化管理的方法应运而生。

精益生产为丰田汽车首创，因而也叫丰田生产方式。丰田遵循生产方式的特别之处，就是利用倒转顺序的思路，从最后一道总装配工序开始，依次向前道工序递进，依据必要的材料、必要的数量、必要的时间进行产品的订货生产。这种方式的结果，能使各个工作单位时刻处在较好的并且是供需平衡的状态之下，避免了停止生产等待材料的时间浪费，同时也减少了中间仓库，最终降低了企业的生产成本。此外，日本企业的合理化建议制度，技术创新制度，消费者俱乐部活动，也对提升产品质量和市场竞争优势起到一定的作用。对产品质量精益求精，这是精细化管理的具体体现。

精益求精，追求最好，做到极致，是精细化管理的重要思想。六西格玛充分体现了这一管理思想。六西格玛是统计学上误差分析的概念，被借用来标示质量水平。六西格玛是企业运营流程的创新，它指导企业做任何事少犯错误，小到填写订单，大到飞机制造，航班飞行安全，在质量问题刚刚显示征兆的时候就予以消灭，从根本上防止缺陷和错误的发生。

六西格玛管理方法为摩托罗拉首创，随着流程质量的优化，残次品、制造时间和产品成本都随之降低，公司每年获得了8～9亿美元的回报，1993年，摩托罗拉大部分部门都达到六西格玛水平。短时间内，六西格玛的管理方式便风行到其他行业，通用电气、索尼、本田、佳能、日立、宝丽来等世界级的大公司，纷纷采纳六西格玛，用以改善产品质量，降低成本，从而提高利润率。

精细化管理，是跨国公司对中国企业的一大贡献，一些著名的跨国企业（如宝洁、沃尔玛、麦当劳等），不仅给中国企业带来了经营管理精细化的模式和样板，也为中国培养了一大批善于精细化运作的人才。目前，在经济全球化浪潮的推动下，中国企业逐步迈向精细化管理的漫漫征途，有的企业甚至走得很远，如海尔。总结起来，中国精细化管理方面，已初见开端。

建筑业是我国的传统支柱型产业，自改革开放以来，我国的建筑行业发生了巨大的变化。建筑行业对国内生产总值GDP的贡献率由20世纪50年代的3%快速增长到2010年的6.6%，并且从业人员也由解放初的20万增长到1978的854万人，到了2010年底已接近4043.37万人，同比增长了将近10.1%，占到全社会从业人数的5%。由此可见，建筑业对我国国民经济的增长起到了巨大作用，同时吸纳了由于城镇化或农村结构调整产生的大量剩余劳动力，对社会主义新农村建设，“三农”问题的解决进行了有力支持。

然而，不能回避的问题是，国内很多的建筑企业还仍然处在粗放式管理的阶段，企业的管理浮于表面，依旧停留在理论或制度层面，缺乏针对性、可操作性与稳定性，缺乏对管理方法和具体实施手段的研究，并且企业的组织结构不尽合理规范，管理层次较多，企业在实际管理工作中存在较多的盲点和交叉，从而使企业的管理效率无法令人满意，远远没有达到精细化管理在精确、量化与规范方面的要求，同时，一些员工粗心大意，缺乏标准意识，一些工作看似做了、实际上没做，有的做了、但细处没有到位，施工过程中的跑、冒、滴、漏等各种浪费现象仍然普遍存在着。

近几年，市场趋于饱和，市场竞争日趋激烈，这样一来就对建筑企业管理水平不断提出新要求，越来越多的建筑企业开始意识到粗放式管理的诸多弊端和其对企业发展的不良后果，所以都加强了对企业的管理，纷纷向更为科学、有效的精细管理转变。

3. 精细化管理的概念

项目的精细化管理，从根本上来说，就是依据系统论的观点，对涉及工程项目的各个因素进行全程的、严格的、无缝隙的管理，从而形成环环相扣的管理链并且严格执行技术规范与操作方法、对各个工序和施工工艺进行优化，克服可能产生的质量缺陷，通过整个项目全方位的管理，实现规范化、流程化与精细化，从而提高整个工程的质量，由管理精细化过渡到施工精细化再发展到项目的精细化。由此可见，实施项目工程的精细化管理，是进一步完善工程项目精细化管理机制，从而实现工程项目管理目标的有力保证。

精细化管理是一种以最大限度地减少管理所占用的资源和降低管理成本为主要目标的管理方式。精细化管理是业主用来调整项目进度、质量和成本的技术方法。主要是指项目在专业化、系统化的保证下，以数据化为标准，信息化为手段，实现资源的优化配置，从而在质的方面全面提升项目。

总结来说，普遍意义上的精细化管理具有如下内涵：

（1）依据标准化

精细化管理就是要用量化的标准取代笼统、模糊的管理要求，把抽象的转化为具体的。精细化管理是以精细操作和管理为基本特征，控制项目业滴漏、强化链接、协作管理，从而提高项目建设的效率。粗放式的管理大多只看重整体，忽视细节，而精细化管理的“精”和“细”弥补了粗放式管理忽略的细节。

（2）程序精细化

精细化管理，“精”是经营管理的关键环节，要求业主在管理上精耕细作，把粗放化的制度细化、分解、落实。“细”是关键环节的主要控制点，这就要求业主在精耕细作的基础上，注重梳理细枝末节。精细化管理就是将管理的对象逐一分解、量化为具体的数字、程序、责任。粗放式管理要求整体要发挥优势竞争力，精细化管理将项目分解为各个部分，使得每个部分的资源优势和有待改进的缺点全部都放大，管理者可以仔细观察、对症下药，而不是盲目管理。

工程造价精细化管理不仅表现在目标选择、执行力的落实和积累性竞争优势上，而且还表现在标准化的工作流程、基础工作的进一步细化和以人为本、全过程参与的策略上。

（3）方法专业化

精细化管理既是一种管理概念，又是一种管理方法和管理工程。这个工程不仅对项目建设流程、管理流程进行科学细化的管理和合理的优化、而且规定了项目实施的规范化和标准化，从而实现“组织结构专业化、工作方式标准化、管理制度化”。

精细化管理是以“精确、细致、深入、规范”为特征的全面管理模式。从思想上来看，精细化管理是一种先进的管理理念，是可以形成建设企业核心文化的一种人文力量，在企业发展进程中发挥重大作用。

第1篇　合同价格形成中的工程造价精细化管理

随着竞争的日益激烈，企业和企业之间在产品、技术、成本、设备、工艺或服务等方面的同质化越来越强，差异性越来越小，在某种层面上而言，市场竞争越来越表现为细节上的竞争。在这种情况下，谁能为消费者想得更周到、细致，谁就会在竞争中胜出。在这个讲求精细的时代，精细化已经成为企业在未来市场竞争中决定成败的关键。目前，我国建筑施工项目管理正处在由技术含量低、高密集度施工向技术含量较高、精细化施工转变的重要时期，健全和完善工程项目精细化管理机制，全面提高项目管理水平和工作质量，是确保企业在激烈的市场竞争中实现基业长青的重要指导思想和管理理论。

工程项目精细化管理，就是要抓好每个环节，做到环环紧扣、道道把关。要求每一个工作者都要到位、尽职，对每一项工作都是以精益求精的态度对待，通过精心精细的工作过程，达到精准、精确、精致的标准，形成精品业绩。建筑企业是典型的工程密集行业，具有工程项目多、投资大、周期长、风险高、质量要求高、项目地域性、政策性强等诸多特点。实施工程项目管理精细化的最终目的是要建立一套科学合理的项目管理机制，提升项目的整体执行力，提高项目实施质量，有效控制工程进度和资金的使用，有效地提高建筑企业项目运营管理能力，创造精品工程。

项目要做好招投标阶段的精细化管理工作，相关负责人要先期进入工作角色，从招标控制价、投标报价、合同价款约定到工程计量都要一一参与和跟进，要保证预算费用的落实到位，公正公开地进行工程招标。

第 1 章　风险分担精细化管理

1.1　普遍风险精细化管理

1.1.1　法律法规变化

2013 版《建设工程工程量清单计价规范》（简称 13 版《清单计价规范》）第 9.2.1 条规定：招标工程以投标截止日前 28 天，非招标工程以合同签订前 28 天为基准日，其后国家的法律、法规、规章和政策发生变化引起工程造价增减变化的，发承包双方应当按照省级或行业建设主管部门或其授权的工程造价管理机构据此发布的规定调整合同价款。

13 版《清单计价规范》第 9.2.2 条规定：因承包人原因导致工期延误，且第 9.2.1 条规定的调整时间在合同工程原定竣工时间之后，合同价款调增的不予调整，合同价款调减的予以调整。其中“规定的调整时间”，为发承包双方应当调整合同价款的时间。招标工程以投标截止日前 28 天，非招标工程以合同签订前 28 天为基准日，其后国家的法律、法规、规章和政策发生变化引起工程造价增减变化的，发承包双方应当按照省级或行业建设主管部门或其授权的工程造价管理机构据此发布的规定调整合同价款，如图 1-1 所示。

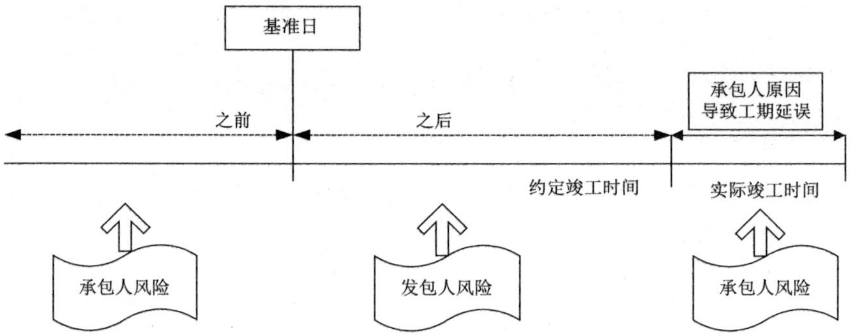

图 1-1　因承包人原因导致工期延误的风险分担

基准日期为投标截止日前第 28 天（非招标工程为合同签订前第 28 天）。在基准日期之前，由承包人承担因国家的法律、法规、规章和政策发生变化而引起的工程造价增减变化。在基准日期之后，由发包人承担因国家的法律、法规、规章和政策发生变化而引起的工程造价增减变化。关于基准日期的定义如表 1-1 所示。

表 1-1　　基准日期的定义

<table>
<tr><th>标准施工招标文件（2007）</th><th>13 版《清单计价规范》</th><th>FIDIC《施工合同条件——通用条件》</th><th>FIDIC《施工合同条件——专用条件》</th></tr>
<tr><td>1.1.4.6</td><td>9.2.1</td><td>1.1.3.1</td><td>1.1</td></tr>
<tr><td rowspan="3">基准日期指投标截止日前 28 天的日期</td><td rowspan="3">招标工程以投标截止日前 28 天，非招标工程以合同签订前 28 天为基准日</td><td rowspan="3">“基准日期”系指递交投标书截止日期前 28 天的日期</td><td>可能需要对一些定义进行修改。例如：1.1.3.1 基准日期可规定为某一特定日历日期</td></tr>
<tr><td>1.6</td></tr>
<tr><td>投标书谈判需要较长时间，在合同协议书中最好写入中标合同金额、基准日期和（或）开工日期</td></tr>
</table>

关于基准日期的规定，上述规定基本都认定为投标截止日前 28 天的日期。不同之处在于 FIDIC《施工合同条件》99 版中的专用合同条件，对于基准日期可以进行修改，同时 FIDIC 第 1.6 款的规定，建议在合同协议书中“最好”写入基准日期，因此可以看出 FIDIC 中认为通用合同条件关于基准日期的节点仅仅作为建议性，同时建议双方就此节点在公平基础上做进一步协商。

由此可知，当法律法规变化引起合同价款调整时，13 版《清单计价规范》规定，发承包双方应当调整合同价款。同时，如果是因为承包人的原因导致工期延误，则在工程原定竣工时间之后，由承包人承担风险，调整方法为：合同价款调增的不予调整，合同价款调减的予以调整。

1.1.2　工程量偏差

13 版《清单计价规范》第 2.0.16 条关于工程量偏差的定义为：工程量偏差是指承包人按照合同工程的图纸（含经发包人批准由承包人提供的图纸）实施，按照现行国家计量规范规定的工程量计算规则计算得到的完成合同工程项目应予计量的工程量与相应的招标工程量清单项目列出的工程量之间出现的量差。

13 版《清单计价规范》将“工程量偏差”列入引起合同价款调整的风险事项之一，与《建设工程工程量清单计价规范》（GB 50500—2008）（简称 08 版《清单计价规范》）相比，进一步明确了“工程量偏差”的概念并具体约定了风险调整的幅度与原则。

由表 1-2 对比可以看出，13 版与 08 版《清单计价规范》关于工程量偏差引起合同价款调整的相关规定存在以下不同：

表 1-2　13 版与 08 版《清单计价规范》关于工程量偏差的规定对比

13 版《清单计价规范》	08 版《清单计价规范》
第 9.6.2 条	第 4.7.5 条
对于任一招标工程量清单项目，如果因本条规定的工程量偏差和工程变更等原因导致工程量偏差超过 15%，调整的原则为：当工程量增加 15%以上时，其增加部分的工程量的综合单价应予调低；当工程量减少 15%以上时，减少后剩余部分的工程量的综合单价应予调高	因非承包人原因引起的工程量增减，该项工程量变化在合同约定幅度以内的，应执行原有的综合单价；该项工程量变化在合同约定幅度以外的，其综合单价及措施项目费应予以调整
第 9.6.3 条	
如果工程量出现本规范第 9.6.2 条的变化，且该变化引起相关措施项目相应发生变化，如按系数或单一总价方式计价的，工程量增加的措施项目费调增，工程量减少的措施项目费调减	

（1）13 版《清单计价规范》明确规定了工程量偏差的幅度范围，将其调整幅度明确至±15%，这与 08 版《清单计价规范》中“工程量变化幅度 10%”存在差异。13 版《清单计价规范》将双方风险分担的界限予以明确的划分：业主承担工程量偏差±15%以外引起的价款调整风险，承包商承担±15%以内的风险。图 1-2 展示了工程量偏差的幅度范围。图 1-3 展示了工程量偏差调整的原则。

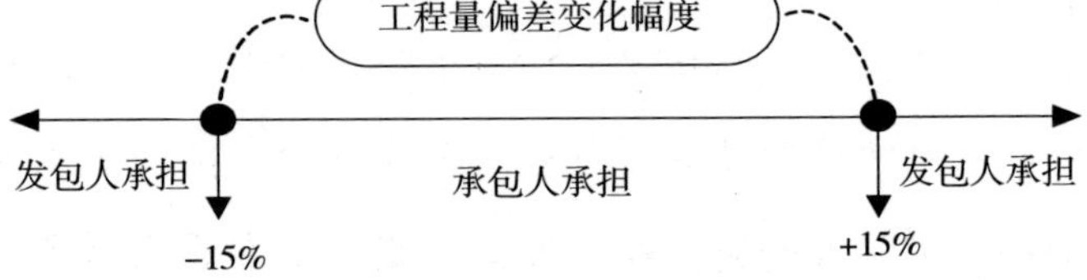

图 1-2　工程量偏差的幅度范围

（2）13 版《清单计价规范》明确规定工程量偏差导致综合单价的调整原则，即“当工程量增加 15%以上时，其增加部分的工程量的综合单价应予调低，当工程量减少 15%以上时，减少后剩余部分的工程量的综合单价应予调高”。但其中“增加部分的工程量”易产生歧义，究竟指代“实际工程量比预计工程量增加的部分”还是“实际工程量比（原工程量×1.15）增加部分的工程量”，按照相关规定，应该理解为后者。

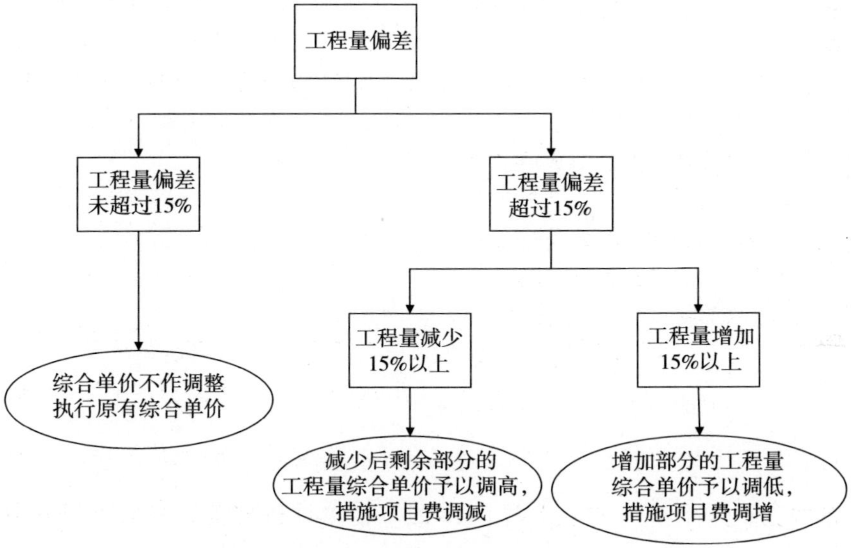

图 1-3 工程量偏差的调整原则

1.1.3 物价波动

物价波动涵盖了人们日常生产、生活中的多个方面。目前的法律法规中尚未对物价波动有一个明确的定义，但国内众多学者都对物价波动进行了深入研究。物价波动是指物价在适当的区间内发生较小幅度的涨跌，包括物价上涨和物价下跌两种情况，通货膨胀时物价上升，通货紧缩时物价下跌。无通货膨胀称为物价稳定。

1. 引起合同价款调整的物价波动幅度确定

为维护建筑市场秩序，规范市场计价行为，降低人工、材料等市场价格波动给建设工程发承包双方带来的风险，保证建设工程的质量和安全，各省市造价文件中对物价波动引起价格调整的风险幅度进行规定，具体内容如表 1-3 所示。

表 1-3　　各省市对物价波动调整幅度的界定

省市	年份	文件名称	具体规定
天津	2008	《建筑工程计价补充规定》（津建［2008］881 号）	变化幅度大于合同中约定的价格变化幅度时，应当计算超过部分的价差，其价差由发包人承担或受益
北京	2008	《关于加强建设工程施工合同中人工、材料等市场价格风险防范与控制的指导意见》（京造定［2008］4 号）	沥青混凝土、钢材、电线、木材、电缆、水泥、钢筋混凝土预制构件、预拌混凝土等对造价影响较大的主要材料以及人工和机械。风险可调幅度控制在 3%～6%之间
上海	2008	《关于建设工程要素价格波动风险条款约定、工程合同价款调整等事宜的指导意见》（沪建市管［2008］12 号）	人工价格的变化幅度在±3%以外的、钢材价格的变化幅度在±5%以外的、除人工、钢材外其他材料价格的变化幅度在±8%以外的应调整
江苏	2005	《关于工程量清单计价施工合同价款确定与调整的指导意见》（苏建价［2005］593 号）	材料价格上涨 10%以内部分由承包人承担，10%以外部分由发包人承担；材料价格下跌 5%以内部分由承包人受益，5%以外部分由发包人受益

续表

省市	年份	文件名称	具体规定
浙江	2008	《关于加强建设工程人工、材料要素价格风险控制的指导意见》（浙建发［2008］163号）	人工费调整幅度：结算期人工市场价或合同前80%工期月份的人工信息价平均值与投标报价文件编制期对应的市场价或信息价之比上涨或下降15%以上时应该调整。材料费调整幅度：单种规格材料的合价占工程合同造价的比例在1%及以上，且该材料价格波动幅度在10%以上；单种规格材料的合价占工程合同造价的比例在1%及以下，但材料价格波动幅度在20%以上
广东	2007	《关于建设工程工料机价格涨落调整与确定工程造价的意见》（粤建价函［2007］402号）	当人工、施工机械台班、材料（设备）价格涨落超过合同工程基准期价格10%时，应该进行调整
湖南	2008	《关于工程主要材料价格调整的通知》（湘建价［2008］2号）	市政工程及土建单项主要材料市场价格涨降幅度在3%以外，安装工程及装饰主要材料市场价格涨降幅度在5%以外时，应予以调整
湖北	2008	《关于调整部分主要建设工程材料价格的指导意见》（鄂建文［2008］190号）	材料上涨幅度10%（含10%）以内的风险由承包方承担，超过10%的部分，由发承包双方本着相互协商、风险共担的原则，双方协商调整
山东	2008	《关于加强工程建设材料价格风险控制的意见》（鲁建标字［2008］27号）	主要材料价格发生波动时，波动幅度在±5%以内（含5%）的，其价差由承包人承担或受益；波动幅度超出±5%的，其超出部分的价差由发包人承担或受益

续表

省市	年份	文件名称	具体规定
黑龙江	2008	《关于发布2008年建筑安装等工程结算办法的通知》（黑建造价［2008］9号）	合同价款方式为固定价格的，其人工、材料价格涨落超过合同基准期价格10%的超出部分应当予以调整
吉林	2008	《关于发布建设工程材料价格指导意见的通知》	主要材料以工程中标价为基数，价差在10%以内时不调整，在10%以上时进行调整
云南	2008	《关于进一步规范建设工程材料价格波动风险条款约定及工程合同价款调整等事宜的通知》（云建标［2008］201号）	包干范围以内的主要材料（含设备）单价发生上涨或下降的情况，其幅度在±10%以内（含10%）的，其价差由承包人承担或受益；幅度在±10%以外的，其超过部分的价差由发包人承担或受益
河北	2008	《河北省建设工程材料价格编制及动态管理办法》	合同约定幅度以内部分的由承包人承担，合同约定外部分由发包人承担
成都	2008	《关于进一步规范成都市建设工程价格风险分摊的通知》（成建价［2008］2号）	可调主要材料的风险幅度值在0～5%以内取定。招标人可针对工程的具体情况将附件所列材料之外的某一种或几种材料列为可调材料，并在5%以内约定风险幅度值
宁波	2008	《关于调整工程主要材料结算价格加强建设工程材料价格风险控制的指导意见》（甬发改投资［2008］399号）	主要材料上涨或下降幅度在10%以内（含10%）的，其价差由承包人承担或受益；在10%以上的，其超出部分的价差由发包人承担或受益

续表

省市	年份	文件名称	具体规定
长沙	2007	《关于调整部分主要材料预算价格、市场价格的通知》（长建价［2007］10号）	单位在工程价款调整和工程结算时单项主要材料价格变化幅度超过±8%时，双方应重新协商确定结算单价。投标人在投标书中承诺的优惠率仍按约定执行
郑州	2000	《关于处理工程主要材料价格结算若干问题的意见》（郑建价办字［2000］08号）	凡确定采取固定价格结算方式的工程，建筑材料价格的调整（包括主材价和辅材价）一律不再调整
苏州	2008	《关于试行〈政府公共工程合同价款调整统一范本〉的通知》（苏建价［2008］18号）	当材料价格上涨或下降在5%（含）以内时，其差价由承包人承担或受益，当上涨或下降幅度超出5%时，其超出部分的差价由发包人承担或受益；差价计算方法按造价管理部门发布的有关调整规定执行
包头	2008	《关于调整定额人工费和材料价格有关事项的通知》	材料价格波动幅度超过原报价格15%的部分，应予调差，调差材料品种由工程建设甲乙双方根据工程具体情况确定

各省市建设行政主管部门出台的相关造价文件主要对由于材料市场价格变化超过一定幅度范围的幅度界限进行规定，但由于各省市的实际情况不同，针对材料价格波动的调整幅度也不相同。通过比较分析可看出：风险幅度最小为0，最大为15%，以3%，5%，10%三档最多，以5%，10%最多。当主要材料的价格波动幅度超过10%时，各省市都认为应该进行价款的调整。而针对人工波动幅度

可调整的情况，各省市也进行了初步的规定，但各省份的规定难以达成统一结果。由于在实际中，人工费往往不经常发生价格的波动，则针对人工费的波动幅度，建议以5%为可调整的幅度。而针对机械费的波动幅度，建议采用10%作为可调整的幅度。

2. 引起合同价款调整的材料范围确定

建设工程材料市场价格波动比较频繁，发承包双方无法准确预测市场价格风险，同时由于发承包在合同签订阶段合同条款约定的不完善，导致工程停工，工期延误等现象经常发生。钢材、水泥等主要材料受市场影响更为显著，在施工期间其价格的波动更易引起发承包双方合同价款纠纷事件的发生。在此背景下，各地方建设行政管理部门出台了关于处理材料价格波动引起的合同价款调整问题的文件。部分省市明确规定了主要材料的范围，部分省市规定了调整材料的范围。例如天津市《建筑工程计价补充规定》（津建[2008] 881号）、北京市《关于加强建设工程施工合同中人工、材料等市场价格风险防范与控制的指导意见》（京造定[2008] 4号）中规定钢材、木材、水泥、砂石、预拌混凝土、钢筋混凝土预制构件、沥青混凝土、电线、电缆等对造价影响较大的为主要材料。

3. 物价波动风险的分担原则

《标准施工招标文件》（发改委[2007]第56号）和《建设工程工程量清单计价规范》（GB 50500—2013）中关于物价波动引起合同价款调整方法的有关规定如表1-4所示。

（1）价格指数调整价格差额

《建设工程工程量清单计价规范》（GB 50500—2013）、《标准施工招标文件》及99版FIDIC《施工合同条件》（又称新红皮书）中对价格指数调整方法分别做出了相关规定，其中《建设工程工程量清单计价规范》（GB 50500—2013）、《标准施工招标文件》（发改委[2007] 第 56 号）中对价格指数调整方法的规定基本一致，具体的公式的对比如表 1-5 所示。

表 1-4　56 号令与 13 版《清单计价规范》对市场价格波动引起价款调整方法的规定

名称	56 号令	13 版《清单计价规范》
颁布年	2007	2013
条款号	16.1.1～16.1.2	9.8.1
具体内容	施工期内，因人工、材料、设备和机械台班价格波动影响合同价格时，采用价格指数调整价格差额，或采用造价信息调整价格差额	合同履行期间，因人工、材料、工程设备、机械台班价格波动影响合同价款时应根据合同约定的本规范附录 A 的方法之一（价格指数调整价格差额或造价信息调整价格差额）调整合同价款

表 1-5　13 版《清单计价规范》、56 号令和新红皮书关于价格指数调整方法公式的对比

名称	56 号令	13 版《清单计价规范》	新红皮书
颁布年	2007	2013	1999
条款号	16.1.1.1	附录 A.1	13.8
计算公式	同左	$\Delta P=P_0\left[A+\left(B_1\times\frac{F_{t1}}{F_{01}}+B_2\times\frac{F_{t2}}{F_{02}}+B_3\times\frac{F_{t3}}{F_{03}}+\cdots+B_n\times\frac{F_{tn}}{F_{0n}}\right)-1\right]$	$Pn=a+b\cdot Lo+c\cdot Mn/Mo+d\cdot En/Eo+\cdots\cdots$

续表

公式解释	同左	ΔP——需调整的价格差额； P_0——约定的付款证书中承包人应得到的已完成工程量的金额。此项金额应不包括价格调整、不计质量保证金的扣留和支付、预付款的支付和扣回。约定的变更及其他金额已按现行价格计价的，也不计在内； A——定值权重（即不调部分的权重）； B_1、B_2、B_3、…、B_n——各可调因子的变值权重（即可调部分的权重）为各可调因子在投标函投标总报价中所占的比例； F_{t1}、F_{t2}、F_{t3}、…、F_{tn}——各可调因子的现行价格指数，指约定的付款证书相关周期最后一天的前42天的各可调因子的价格指数； F_{01}、F_{02}、F_{03}、…、F_{0n}——各可调因子的基本价格指数，指基准日期的各可调因子的价格指数	费用因素的估算比例，此表中显示的费用因素可能是指资源，如劳务、设备和材料； Pn——对第n期间内所完成工作以相应货币所估算的合同价值所采用的调整倍数，这个期间通常是一个月，除非投标函附录中另有规定； a——在相关数据调整表中规定的一个系数，代表合同支付中不调整的部分； b、c、d——相关数据调整表中规定的一个系数，代表与实施工程有关的每项费用因素的估算比例，此表中显示的费用因素可能是指资源，如劳务、设备和材料； Ln、En、Mn——是第n期间时使用的现行费用指数或参照价格，以相关的支付货币表示，而且按照该期间（具体的支付证书的相关期限）最后一日之前第49天当天对于相关表中的费用因素适用的费用指数或参照价格确定； Lo、Eo、Mo——是基本费用指数或参照价格，以相应的支付货币表示，按照在基准日期时相关表中的费用因素的费用指数或参照价格确定

综上所述，通过分析《建设工程工程量清单计价规范》（GB 50500—2013)、《标准施工招标文件》（发改委［2007］第56号）及99版FIDIC《施工合同条件》中的价款调整方法，总结得出以上价格调整公式中的各可调因子、定值和变值权重，以及基本价格指数及其来源要在投标函附录价格指数和权重表中约定。同时应首先采用有关部门提供的价格指数，缺乏上述价格指数时，可采用有关部

门提供的价格代替。应用以上调价方法要有两个前提，一是在投标函附录中存在指数和权重表；二是合同规定当发生物价波动时可进行价款的调整。

（2）造价信息调整价格差额

《建设工程工程量清单计价规范》（GB 50500—2013）和 2007 版《标准施工招标文件》（发改委［2007］第 56 号）中关于造价信息调整价格差额的规定如表 1-6 所示。

表 1-6　56 号令与 13 版《清单计价规范》关于造价信息调整价格差额的规定

名称	56 号令	13 版《清单计价规范》
颁布年	2007	2013
条款号	16.1.2	附录 A.2
具体内容	施工期内，因人工、材料、设备和机械台班价格波动影响合同价格时，人工、机械使用费按照国家或省、自治区、直辖市建设行政管理部门、行业建设管理部门或其授权的工程造价管理机构发布的人工成本信息、机械台班单价或机械使用费系数进行调整；需要进行价格调整的材料，其单价和采购数应由监理人复核，监理人确认需调整的材料单价及数量，作为调整工程合同价格差额的依据	施工期内，因人工、材料、工程设备和机械台班价格波动影响合同价格时，人工、机械使用费按照国家或省、自治区、直辖市建设行政管理部门、行业建设管理部门或其授权的工程造价管理机构发布的人工成本信息、机械台班单价或机械使用费系数进行调整；需要进行价格调整的材料，其单价和采购数应由发包人复核，发包人确认需调整的材料单价及数量，作为调整合同价款差额的依据

当材料价格变化超过省级或行业建设主管部门或其授权的工程造价管理机构规定的幅度时应当调整，承包人应在采购材料前将采

购数量和新的材料单价报发包人核对，确认用于本合同工程时，发包人应确认采购材料的数量和单价。发包人在收到承包人报送的确认资料后 3 个工作日不予答复的视为已经认可，作为调整工程价款的依据。如果承包人未报经发包人核对即自行采购材料，再报发包人确认调整工程价款的，如发包人不同意，则不作调整。

综上所述，采用造价信息调整价格差额的方法适用于施工中消耗工程材料品种较多、用量较小的项目，同时在合同中应明确调整材料价格依据的造价文件，以及要发生费用调整所到达的价格波动幅度。对需要进行调整的材料，包承发双方应根据产品质量、市场行情、当地造价管理机构发布的价格信息综合考虑其单价。

1.1.4 项目特征不符

1. 项目特征的概念

《建设工程工程量清单计价规范》（GB 50500—2013）2.0.7 条对项目特征进行定义："项目特征是构成分部分项工程量清单项目、措施项目自身价值的本质特征。"。工程量清单项目特征描述由发包人负责，而投标报价时，投标人按照项目特征确定报价，故发包人的项目特征描述是综合单价确定的重要依据。在招投标过程中，当招标文件中的工程量清单特征描述与设计图纸不符时，投标人应以分部分项工程量清单的项目特征描述为准，确定投标报价的综合单价。当施工中施工图纸或设计变更与工程量清单项目特征描述不一致时，发承包双方应按实际施工的项目特征，依据合同约定重新确定综合单价。

2. 项目特征的性质和作用

项目特征是对招标文件对项目的准确描述，是投标人投标报价时确定清单项目综合单价的依据。招标人编制招标文件确定分部分项工程量清单项目特征时，应按附录中规定的项目特征描述格式进行描述，以此来满足确定综合单价的需要。可以根据变更工程项目特征描述来确定三类变更。

项目特征描述中必须描述的内容包括：

（1）涉及正确计量的内容：如门窗洞口尺寸或框外围尺寸。

（2）涉及结构要求的内容：如混凝土构件的混凝土的强度等级。

（3）涉及材质要求的内容：如油漆的品种、管材的材质等。

（4）涉及安装方式的内容：如管道工程中的钢管的连接方式。

《建设工程工程量清单计价规范》（GB 50500—2013）中第5.2.3条规定：分部分项工程和措施项目中的单价项目，应根据拟定的招标文件和招标工程量清单项目中的特征描述及有关要求确定综合单价计算；《建设工程工程量清单计价规范》（GB 50500—2013）中第6.2.3条规定：分部分项工程和措施项目中的单价项目，应依据招标文件及其招标工程量清单项目中的特征描述确定综合单价计算；《建设工程工程量清单计价规范》（GB 50500—2013）中第9.1.1条规定：项目特征描述不符是引起合同价款调整的因素之一；《建设工程工程量清单计价规范》（GB 50500—2013）中第9.4.1条规定，发包人在招标工程量清单中对项目特征的描述，应被认为是准确的和全面的，并且与实际施工要求相符合。承包人应按照发包人提供的招标工程量清单，根据其项目特征描述的内容及有关要求实施合同工程，直到其被改变为止。强调了“项目特征描述不符”为业主方的责任；《建设工程工程量清单计价规范》（GB 50500—

2013）中第 9.4.2 条规定：承包人应按照发包人提供的设计图纸实施合同工程，若在合同履行期间，出现设计图纸（含设计变更）与招标工程量清单任一项目的特征描述不符，且该变化引起该项目的工程造价增减变化的，应按照实际施工的项目特征按本规范第 9.3 节相关条款的规定重新确定相应工程量清单项目的综合单价，调整合同价款。调整原则为按照实际施工的项目特征（新的项目特征）重新确定综合单价。

如果在施工过程中，出现设计图纸与清单项目特征描述不符的，首先依据合同约定，如果合同约定对此不做调整或使用其他调整方法的，则应遵照合同约定；

如果合同未作约定，则应采取《建设工程工程量清单计价规范》（GB 50500—2013）中的调整原则，根据新的项目特征来调整综合单价，其中如果引起措施项目变化的，也应一并调整。

（1）项目特征描述不符的利用

根据《建设工程工程量清单计价规范》（GB 50500—2013）的规定，工程量清单项目特征是确定项目综合单价的重要依据。《建设工程工程量清单计价规范》宣贯辅导教材中指出，投标人投标报价时应依据招标文件中分部分项工程量清单项目的特征描述确定清单项目的综合单价。在招投标过程中，当出现招标文件中分部分项工程量清单特征描述与设计图纸不符时，投标人应以分部分项工程量清单的项目特征描述为准，确定投标报价的综合单价。当施工中施工图纸或设计变更与工程量清单项目特征描述不一致时，发承包双方应按实际施工的项目特征，依据合同约定重新确定综合单价。因此，当施工图纸与工程量清单项目特征描述不符发生工程变更时，如何确定有利于承包人且发包人认可的新的综合单价是承包人创收的重要机会点。

《标准施工招标文件》（发改委［2007］第56号）中15.4款明确规定了变更估价的原则，即除专用合同条款另有约定外，因变更引起的价格调整按照本款约定处理。已标价工程量清单中有适用于变更工作的子目的，采用该子目的单价；已标价工程量清单中无适用于变更工作的子目，但有类似子目的，可在合理范围内参照类似子目的单价，由监理人按第3.5款商定或确定变更工作的单价；已标价工程量清单中无适用或类似子目的单价，可按照成本加利润的原则，由监理人按第3.5款商定或确定变更工作的单价。不同变更估价原则的应用是确定变更项目综合单价的重要依据。当施工图纸与工程量清单项目特征描述不符时，不同情况下适用于不同的变更估价原则：

①原清单中存在“适用项目”。当原工程量清单中存在项目与变更项目的性质（图纸尺寸、施工方法、材质）、施工条件等完全一致时，可以直接将清单中的适用项目单价作为变更项目新单价。分部分项工程量清单中存在项目与变更项目的项目特征、工程内容、计量单位相同时，也认为是适用项目，直接套用该项目单价作为变更项目新单价。

②原清单中存在“类似项目”。当原工程量清单中存在项目与变更项目中项目特征描述中的图纸尺寸不同，但施工方法、材质、施工条件相同；材质不同，但人工、材料、机械消耗量及施工方法、施工环境相同，满足两种之中的任意条件时，变更项目综合单价的确定可以参照原清单中的类似项目单价确定。

③原清单中无“适用或类似项目”。当原工程量清单中不存在以上情况，变更项目与清单中已有项目性质不同或变更项目与清单中已有项目施工条件不一致时，原清单中不存在适用或可以参考的项目，承包商要重新确定新的综合单价。

因此，针对施工图纸与工程量清单项目特征描述不符的情况，当工程变更发生时确定适合不同变更估价原则的变更项目的综合单价是承包商创收的重要机会点。

（2）项目特征描述不符的注意事项

《建设工程工程量清单计价规范》（GB 50500—2013）中关于项目特征描述不符的规定条款与《标准施工招标文件》（发展改革委令第56号）通用条款1.4条存在冲突：

《建设工程工程量清单计价规范》（GB 50500—2013）中第6.1.4条规定：投标人必须按照招标工程量清单填报表格。项目编码、项目名称、项目特征、计量单位、工程量必须与招标工程量清单一致。第9.4.2条规定，在合同履行期间，出现设计图纸（含设计变更）与招标工程量清单任一项目的特征描述不符，且该变化引起该项目的工程造价增减变化的，应按照实际施工的项目特征按本规范第9.3节相关条款的规定重新确定相应工程量清单项目的综合单价，调整合同单价。由此可知，《建设工程工程量清单计价规范》（GB 50500—2013）中项目特征描述是先以清单为准，后以图纸施工。《标准施工招标文件》（发改委［2007］第56号）通用条款1.4条合同文件的优先顺序中规定：组成合同的各项文件应互相解释，互为说明。除专用合同条款另有约定外，解释合同文件的优先顺序如下：①合同协议书；②中标通知书；③投标函及投标函附录；④

专用合同条款；⑤通用合同条款；⑥技术标准和要求；⑦图纸；⑧已标价工程量清单；⑨其他合同文件。可见，本条款规定图纸的解释顺序在清单之前。由此可知，《建设工程工程量清单计价规范》（GB 50500—2013）与《标准施工招标文件》（发改委［2007］第 56 号）中关于此部分的内容是矛盾的，若施工过程中出现清单与图纸不符的情况，且引起价款变化时，可能导致承包商无法获得价款调整，从而引起纠纷。图 1-4 为 13 版《清单计价规范》和 56 号令对项目特征不符的规定。

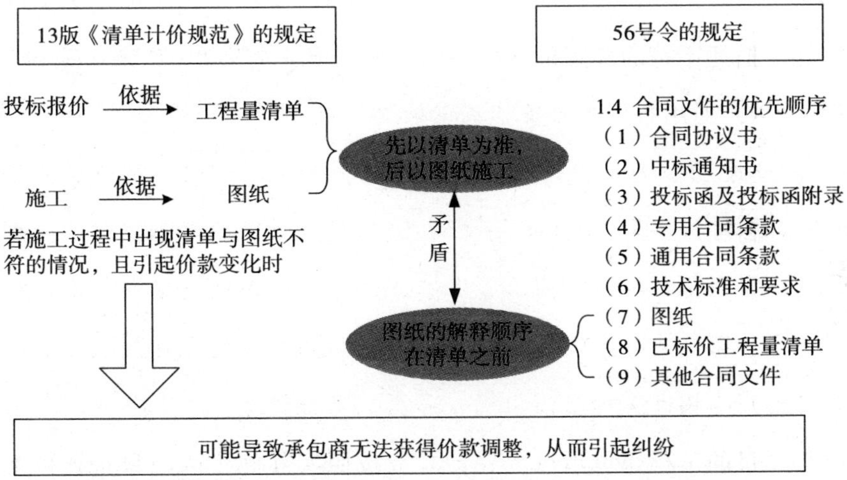

图 1-4　13 版《清单计价规范》和 56 号令对项目特征不符的规定

建议承包商在投标报价时，若发现项目特征描述不符的问题，应及时与业主沟通，请业主对该问题予以澄清。

1.1.5　不可抗力

1. 不可抗力风险的概念

我国现行法律中对关于不可抗力作为一项重要的民事责任抗辩

事由作了明确的规定，但是目前为止，没有一部法律条款是专门针对不可抗力的，表 1-7 是对涉及建筑工程领域的不可抗力的法律法规的相关概念界定所进行的研究。

表 1-7　　对不可抗力的概念规定

法律法规	合同法	新红皮书	建设工程施工合同示范文本	56 号令	13 版《清单计价规范》
条款	117	19.1	1.22	21.1.1	2.0.27
不可抗力	不能预见、不能避免并且不能克服的客观情况	满足全部下列条件的特殊事件或情况(a) 一方无法控制的；(b) 该方在签订合同之前，不能对之进行合理准备的；(c) 发生后，该方不能合理避免或克服的；(d) 主要归因于他方的	不能预见、不能避免并不能克服的客观情况	承包人和发包人在订立合同时不可预见，在工程施工过程中不可避免发生并不能克服的自然灾害和社会性突发事件	发承包双方在工程合同签订时不能预见的，对其发生的后果不能避免，且不能克服的自然灾害和社会性突发事件

对于不可抗力的概念，以上法律、法规和规定均提出了不可抗力事件必须同时满足以下四个共同点：一是不能预见；二是一旦发生不能避免；三是不能克服；四是客观事件。只有同时满足这四个条件，才能构成不可抗力的实质性概念。

根据上述法律法规和计价规范等对不可抗力的概念界定，可以将不可抗力划分为自然属性和社会属性这两个属性，具体涵盖内容如表 1-8 所示：

表 1-8　　　　　　　　不可抗力的两个属性

法律法规	新红皮书	建设工程施工合同示范文本	56 号令
自然性	诸如地震、飓风、台风、火山爆发等自然灾害	专用条款约定的风、雨、雪、洪、震等自然灾害	地震、海啸、水灾、瘟疫
社会性	包括但不限于： (1) 战争、敌对行动（不论宣战与否）、入侵、外敌行为； (2) 叛乱、恐怖主义、革命、暴动、军事政变或篡夺政权，或内战； (3) 承包商人员和承包商及其分包商的其他雇员以外的人员的骚动、喧闹、混乱、罢工或停工； (4) 战争军火、爆炸物资、电离辐射或放射性污染，但可能因承包商使用此类军火、炸药、辐射或放射性引起的除外	战争、动乱、空中飞行物体坠落或其他非发包人承包人责任造成的爆炸、火灾	骚乱、暴动、战争和专用合同条款约定的其他情形

由表 1-8 可知，在不可抗力的自然属性中，自然灾害是我国立法和学术界认同的最典型的不可抗力现象，具体包括地震、海啸、台风、海浪、洪水、蝗灾、风暴、冰雹、沙尘暴、火山爆发、山体滑坡、雪崩、泥石流等。但需注意，并非一切自然灾害都能作为不可抗力而成为免责理由，一些轻微的、并未给当事人的义务履行造成重大影响的自然灾害，不构成不可抗力。

2. 不可抗力风险的分担原则

表 1-9 是各法律法规对不可抗力风险分担的具体规定：

表 1-9　　不可抗力风险分担范围表

法规名称	条款号	具体内容	承担者及承担责任范围	
			发包人	承包人
合同法	117（1）	因不可抗力不能履行合同	由发包人承担	
	117（2）	当事人迟延履行后发生不可抗力		由承包人承担
	118	当事人一方因不可抗力不能履行合同的，应当及时通知对方，以减轻可能给对方造成的损失，并应当在合理期限内提供证明	由不能履行合同一方承担	
13版《清单计价规范》	9.10.1（1）	工程本身的损害、因工程损害导致第三方人员伤亡和财产损失以及运至施工场地用于施工的材料和待安装的设备的损害	由发包人承担	
	9.10.1（2）	承包人、发包人人员伤亡	由伤亡人员所在单位负责	
	9.10.1（3）	承包人的施工机械设备损坏及停工损失		由承包人承担
	9.10.1（4）	停工期间，承包人应发包人要求留在施工场地的必要的管理人员及保卫人员的费用	由发包人承担	
	9.10.1（5）	工程所需清理、修复费用	由发包人承担	
FIDIC	19.2 通知	因不可抗力使其履行合同的任何义务已或将受到阻碍时，发出通知，并说明履行已或受到阻碍	由履行合同受阻碍的一方承担	
		发出通知后，在不可抗力阻碍其履行义务期间，免于履行该义务	由合同权利方承担	

续表

法规名称	条款号	具体内容	承担者及承担责任范围	
			发包人	承包人
FIDIC	19.3 延误最小	使不可抗力对履行合同造成的任何延误减至最小	由合同双方承担	
		当一方不再受不可抗力的影响时，向另一方发出通知	由合同双方承担	
	19.4 后果	不可抗力使遭受延误和（或）招致增加费用：(a) 竣工已经或将受到延误，对任何此类延误给予延长期	由发包人承担	
		(b) 如果是第 19.1 款“不可抗力的定义”中第（Ⅰ）至（Ⅳ）所述的事件或情况，并且（Ⅱ）至（Ⅳ）所述事件或情况发生在工程所在国时，对任何此类费用给予支付	由发包人承担	
		工程师收到此通知后对这些事项进行商定或确定	由发包人承担	
	19.5 分包商	如果任何分包商根据有关工程的任何合同或协议，有权按较本条规定具有更多或更广条件的不可抗力免除某些工作，此类更多或更广的不可抗力事件或情况，不应成为承包商不履约的借口，或有权根据本条规定免除其义务		由承包人承担
	19.6 自主选择终止，付款和解除	因不可抗力，使工程实施受到阻碍已连续 84 天，或累积超过 140 天，任一方向他方发出终止合同的通知。 (a) 已完成的、合同中有价格规定的任何工作的应付金额	由发包人承担	

续表

法规名称	条款号	具体内容	承担者及承担责任范围	
			发包人	承包人
FIDIC	19.6 自主选择终止，付款和解除	(b) 雇主为工程订购的、已交付给承包商或承包商有责任接受交付的生产设备和材料，为雇主的财产（风险也由其承担），承包商应将其交由雇主处置	由发包人承担	
		(c) 在承包商原预期要完成工程的情况下，合理导致的任何其他费用或债务	由发包人承担	
		(d) 将临时工程和承包商设备撤离现场，并运回承包商本国工作地点的费用（或运往任何其他目的地，但其他费用不得超过前者）	由发包人承担	
建设工程施工合同	13.1	因不可抗力造成工期延误，经工程师确认，工期相应顺延	由发包人承担	
	13.2	承包人在工期延误后14天内，以书面形式向工程师提出报告		由承包人承担
		工程师在收到报告后14天内予以确认，逾期不予确认也不提出修改意见，视为同意顺延工期	由发包人承担	
	39.2	不可抗力事件发生后，承包人应立即通知工程师，并在力所能及的条件下迅速采取措施，尽力减少损失，发包人应协助承包人采取措施		由承包人承担
		工程师认为应当暂停施工的，承包人应暂停施工	由发包人承担	

续表

法规名称	条款号	具体内容	承担者及承担责任范围	
			发包人	承包人
建设工程施工合同	39.2	不可抗力事件结束后48小时内承包人向工程师通报受害情况和损失情况，及预计清理和修复的费用		由承包人承担
		不可抗力事件持续发生，承包人每隔7天向工程师报告一次受害情况		由承包人承担
		不可抗力事件结束后14天内，承包人向工程师提交清理和修复费用的正式报告及有关资料		由承包人承担
	39.3	工程本身损害、因工程损害导致第三人人员伤亡和财产损失以及运至施工场地用于施工的材料和待安装的设备的损害	由发包人承担	
		发包人承包人人员伤亡	各自损失各自承担	
		承包人机械设备损坏及停工损失		由承包人承担
		停工期间，承包人应工程师要求留在施工场地的必要的管理人员及保卫人员	由发包人承担	
		工程所需清理、修复	由发包人承担	
56号令	21.2.1	不可抗力发生后，发包人和承包人应及时认真统计所造成的损失，收集不可抗力造成损失的证据	合同双方	
		合同双方对是否属于不可抗力或其损失的意见不一致的，由监理人按第3.5款商定或确定。发生争议时，按第24条的约定办理	合同双方	

续表

法规名称	条款号	具体内容	承担者及承担责任范围	
			发包人	承包人
56号令	21.2.1	遇不可抗力事件，使其履行合同义务受到阻碍时，应立即通知合同另一方当事人和监理人，书面说明不可抗力和受阻碍的详细情况，并提供必要的证明	履行合同义务受阻一方	
	21.2.2	如不可抗力持续发生，合同一方当事人应及时向合同另一方当事人和监理人提交中间报告，说明不可抗力和履行合同受阻的情况，并于不可抗力事件结束后28天内提交最终报告及有关资料	履行合同义务受阻一方	
	21.3.1	(1) 永久工程包括已运至施工场地的材料和工程设备的损害，以及因工程损害造成的第三者人员伤亡和财产损失由发包人承担	由发包人承担	
		(2) 承包人设备的损坏由承包人承担		由承包人承担
		(3) 发包人和承包人各自承担其人员伤亡和其他财产损失及其相关费用	由合同各方承担	
		(4) 承包人的停工损失由承包人承担		由承包人承担
		停工期间应监理人要求照管工程和清理、修复工程的金额由发包人承担	由发包人承担	
		(5) 不能按期竣工的，应合理延长工期，承包人不需支付逾期竣工违约金	由发包人承担	

续表

<table>
<tr><th rowspan="2">法规名称</th><th rowspan="2">条款号</th><th rowspan="2">具体内容</th><th colspan="2">承担者及承担责任范围</th></tr>
<tr><th>发包人</th><th>承包人</th></tr>
<tr><td rowspan="7">56号令</td><td>21.3.1</td><td>发包人要求赶工的，承包人应采取赶工措施，赶工费用由发包人承担</td><td>由发包人承担</td><td></td></tr>
<tr><td>21.3.2</td><td>延迟履行期间发生不可抗力的，不免除其责任</td><td colspan="2">由延迟履行的一方承担</td></tr>
<tr><td>23.3.3</td><td>避免和减少不可抗力损失，任何一方没有采取有效措施导致损失扩大的，应对扩大的损失承担责任</td><td colspan="2">由合同双方承担</td></tr>
<tr><td rowspan="4">21.3.4</td><td>因不可抗力解除合同应当及时通知对方解除合同</td><td colspan="2">由解除合同方承担</td></tr>
<tr><td>合同解除后，承包人应按照第22.2.5 项约定撤离施工场地</td><td></td><td>由承包人承担</td></tr>
<tr><td>已经订货的材料、设备由订货方负责退货或解除订货合同，不能退还的货款和因退货、解除订货合同发生的费用，由发包人承担</td><td>由发包人承担</td><td></td></tr>
<tr><td>因未及时退货造成的损失由责任方承担</td><td colspan="2">由责任方承担</td></tr>
</table>

99 版 FIDIC《施工合同条件》对于不可抗力引起合同解除情形的价款结算规定，考虑到已实施或部分实施的措施项目、以合理订购的材料和设备货款、撤离现场的合理费用、为完成合同工程而预期开支的合理费用的承担原则。与《标准施工招标文件》（发改委［2007］第 56 号）相关不可抗力导致合同解除的规定大部分一致。

3. 不可抗力风险的分担程序

发生“不可抗力”事件后，99 版 FIDIC《施工合同条件》第 19 条规定，应该主要由业主承担由不可抗力引发的损失，并给予承包商合理的补偿；承包商可以根据“不可抗力”条款进行索赔。以下对 99 版 FIDIC《施工合同条件》第 19 条关于不可抗力处理的各款进行分析。

（1）发出通知及减少延误

99 版 FIDIC《施工合同条件》第 19 条规定，如果由于不可抗力发生，一方已经或将要无法履行合同义务，那么在该方注意到此事件后的 14 天内，应通知另一方有关情况，并详细说明他已经或将要无法履行的义务和工作。此后，该方可在此不可抗力持续期间，免去履行此类义务（支付义务除外）。当不可抗力的影响终止时，该方也应通知另一方。规定 14 天的期限是因为考虑到不可抗力事件的后果影响特别大，出现后有可能造成信息沟通受到影响，甚至暂时中断，不能因为程序上的问题而轻易损害一方的实际权益。99 版 FIDIC《施工合同条件》19.2 条规定：合同一方（主要是指业主），不能以不可抗力为借口，不向另一方支付按合同应支付的款项，也就是说，如果因不可抗力导致业主支付工程款出现困难，虽然可以延缓支付，但应按其他合同条款支付工程款的利息，也不应影响承包商按照合同行使其他权益。根据 99 版 FIDIC《施工合同条件》19.3 条规定，任何情况下，合同双方都应在合理范围内做出一切努力，以减少不可抗力引起的延误，目的在于限制合同一方的投机行为。

（2）不可抗力的后果

如果由于发生不可抗力，承包商无法履行其合同义务，并且已经按照要求通知了业主，则承包商有权按照程序索赔自己遭受的工期和费用损失。从 99 版 FIDIC《施工合同条件》第 19.4 条可以看出，在发生不可抗力事件之后，风险基本上是由业主方承担。但同时，本款也反映出一个国际惯例，即：若发生的不可抗力事件属于 99 版 FIDIC《施工合同条件》第 19.1 款中规定的第 5 类“自然灾害”（天灾），承包商仅仅有权索赔工期，而无权索赔费用，也就是说，发生此类自然灾害事件，业主和承包商均应承担一部分损失。尽管如此，99 版 FIDIC《施工合同条件》第 19.4 条还是反映出该规定在不可抗力风险分摊方面，总体上是有利于承包商一方的。根据有关工程的合同或协议，分包商有权按照 99 版 FIDIC《施工合同条件》19.5 条的规定，在附加的或超出相应条款规定范围之外的不可抗力发生时免除某些工作，但不应成为承包商不履约的借口，或解除其履约义务。此规定可以在一定程度上避免承包商在风险发生后，以分包商向其索赔为由，向业主提出索赔，使自己获利。

（3）合同的终止、付款和解除

不可抗力可能直接导致合同的变更和解除。《合同法》第 94 条规定，因不可抗力致使不能实现合同目的的当事人可以解除合同。如在建工程倒塌或毁损严重无法修复的、因灾后重新规划致使原有建筑区划发生变化的、原来的工程合同就无法继续实施，只能解除。

99 版 FIDIC《施工合同条件》中第 19.6 条中规定：如果由于不可抗力，导致整个工程已经持续 84 天无法继续施工，或停工时间累计已经超过了 140 天，则任一方可向对方发出终止合同的通知，通知发出 7 天后终止即生效；承包商按照合同终止时的规定撤离现场；如果因不可抗力合同已经中止，工程师应估算已完成的工作的价值，并向承包商颁发支付证书。由于不可抗力造成的后果往往十分严重，如果影响到工程的时间很长的话，有可能造成继续该工程对业主已经失去意义，甚至会招致更大的损失，或者承包商如果继续等待会失去其他项目机会。本款提出了一个灵活解决此问题的机制。从本款中的责任分担来看，对承包商是合理的。若一种特殊的不可抗力发生后，使得不可能再继续履行义务，也没有复工的希望，则不应再按照一般的不可抗力事件来处理，如果再等待很多天才可以中止合同的话，则双方只能招致更大的损失，此时，可依据99版FIDIC《施工合同条件》第19.7条根据法律解除履约。在实践中，出现这类问题，主要是发生了两类情况：一是继续履约不可能或非法；一是按合同适用法律，合同一方有权不再履约。此时雇主支付给承包商的金额应与根据99版FIDIC《施工合同条件》第19.6条终止合同时支付给承包商的金额相同。

另外，在遇到"不可抗力"事件时，承包商应按照合同条件中的有关条款，通过索赔挽回经济损失或采取相应措施加以弥补。除根据合同进行正当的索赔外，承包商还可以通过保险的方式，将一些风险转移给保险公司承担。而且，在报价时可将保险费计入工程成本。此外，为应付项目实施过程中偶然发生的意外事故，承包商可在其报价中计入适当比例的风险金，一般可占合同总额的2%～5%。

1.2 特殊风险精细化管理

1.2.1 政治风险

政治环境风险包括战争、内乱；国有化或没收与征用；政策、法律法规风险；社会风气、治安状况；对外关系或国际信誉等。

1.2.2 经济风险

经济环境风险包括通货膨胀；物价上涨和价格调整风险；承包商的资金供应不足；带资承包风险；没收保函；外汇、汇率；税收歧视等风险。

1.2.3 自然环境风险

1. 不利物质条件范围界定

《通用合同条件》第 4.11 款对不利物质条件进行了界定，如不利地质条件、地下已存在的但未探明的非自然物质障碍和污染物等，包括地下和水文条件，但不包括气候条件和不可抗力。在实践中，不同行业、专业对恶劣气候条件引起冰冻、洪水塌方、长时间的水浸等，在定义为不可抗力还是不利物质条件方面存在不同理解。

当出现不利物质条件时，承包人应采取合理措施继续施工，并告知监理人，监理人应当及时发出指示，指示构成变更的，按照变更的条款进行办理。监理人没有发出指示的，承包人因采取合理措施而增加的费用，由发包人承担，当监理人发出的指示不构成变更时，承包人因采取措施而增加的费用，也应由发包人承担。

2. 异常恶劣的气候条件范围界定

异常恶劣的气候条件，如 20 年一遇的最大降水（雪）量、最高（低）温度等。当出现异常恶劣的气候条件时，承包人有责任采取措施，避免和克服异常气候条件造成的损失，同时有权要求发包人延长工期。当发包人不同意延长工期时，则按照第 11.3 款的约定支付为抢工增加的费用，但不包括利润。

对于上述特殊风险，其具体分担方式如表 1-10 所示：

表 1-10　　特殊风险分担一览表

风险分类	序号	风险事项	承担方	条　款	承担风险范围
政治环境风险	1	战争、禁运、罢工、社会动乱	E+A	21.3 不可抗力的后果及其处理	各自损失各自承担
经济环境风险	2	物价波动	E+A	16.1 物价波动引起的价格调整	物价波动在风险幅度以外部分进行调价，此部分风险由发包人承担；物价波动在风险幅度以内不调价，此部分风险由承包商承担
自然环境风险	3	化石、文物	E	1.10 化石文物	由于保护文物导致的费用增加由发包人承担
	4	不利物质条件(不包括气候条件)	E	4.11 不利物质条件	承包人因采取合理措施而增加的费用由发包人承担
	5	洪水、地震、台风等	E+A	21.3 不可抗力的后果及其处理	各自损失各自承担
	6	延迟履行期间的不可抗力	E+A	21.3.2 延迟履行期间的不可抗力	不免除延迟履行一方的责任
	7	异常恶劣的气候条件	E	11.4 异常恶劣的气候条件	发包人在不延长工期的情况下应支付承包商赶工费，但不包括利润

第 2 章 防范不平衡报价精细化管理

2.1 精细化管理依据

2.1.1 概念前提

不平衡报价是指承包商在一个工程项目总价基本确定后，通过调整内部各分部分项的综合单价构成，以期既不抬高总价，又能在结算时获得更理想的经济效益的投标报价方案。承包商根据分项工程完成时间的先后，或根据分项工程在实际施工中对承包商利益的大小确定不平衡报价，目的一是尽早收回工程款，增加流动资金，保证工程质量和进度；二是多收工程款，获得更多的额外利润。承包商往往在投标阶段，在综合单价的计价方式下使用不平衡报价获取利益。

业主应防范承包商采用不平衡报价法通过深化设计和合理的变更索赔获取利润的投标策略。强调承包商运用不平衡报价方法，低价中标，寻求变更，将风险转嫁给业主。

《建设工程工程量清单计价规范》（GB 50500—2013）中 7.1.3

款明确规定：实行工程量清单计价的工程，应采用单价合同。该规范主张“量价分离”，业主承担着“量的风险”，承包商承担着“价的风险”，承包商为获得超额利润，往往利用量变价不变的结算原则采用不平衡报价策略。

合同的宗旨是，在项目的实施过程中，通过合同手段及条款规定，由业主随时补偿可能发生的相关额外经济损失。《建设工程工程量清单计价规范》（GB 50500—2013）及其他合同条件要求在综合单价中考虑应承担的风险费用。但风险费用一般仅包括承包商能预见能控制的风险，即材料价格、机械使用费5%以内的风险。

上述报价原则使得所有的承包商在投标时站在同一起跑线上。业主应防范承包商对于无法控制无法预测的风险和未知费用通过变更、索赔、调价等创收手段获得补偿。

2.1.2 产生原因

不平衡报价产生的原因有以下几点：

1. 招标人追求的是在确保工程质量和工期的前提下，工程造价最小化，投标人在相同前提下，则追求企业利润最大化。招投标双方在工程造价计取上的对立性，是产生不平衡报价的前提。

2. 在整个评标过程中，商务标的高低直接影响投标单位能否中标。一些招标人为了减少投资，盲目追求低价中标，而投标人为了在竞争中生存，往往采用压低造价，甚至把报价压到成本价以下，这是导致不平衡报价产生的直接原因。

3.《建设工程工程量清单计价规范》（GB 50500—2013）7.1.3条规定：清单合同应采用单价合同。工程进度款和结算价都是根据实际完成的工程量和投标文件中相应的报价进行的，“量价分离”为实行不平衡报价、变更、索赔提供了条件。

4. 我国相关法律法规对不平衡报价尚未有明确有效的限制和调整条文，这就为不平衡报价的产生提供了可能。

2.1.3 表现形式

表 2-1 13 版《清单计价规范》不平衡报价条款的利用

条款号	条款内容	不平衡报价的表现形式
10.3.2	进度款支付周期，应与合同约定的工程计量周期一致	时间型不平衡报价，能够早日结账收款的项目可适当提高报价
8.2.2	施工中工程计量时，若发现招标工程量清单中出现缺项、工程量偏差，或因工程变更引起工程量的增减，应按承包人在履行合同义务中完成的工程量计算	工程量型不平衡报价，预计今后工程量会增加的项目，可适当提高单价
9.4.2	承包人应按照发包人提供的设计图纸实施合同工程，若在合同履行期间，出现设计图纸（含设计变更）与招标工程量清单任一项目的特征描述不符，且该变化引起该项目的工程造价增减变化的，应按照实际施工的项目特征按本规范第 9.3 节相关条款的规定重新确定相应工程量清单项目的综合单价，调整合同价款	承包商在仔细研究施工图纸后认为图纸和实际工程要求不符，可以先把这部分报以低价，待变更后提高价格
9.8.1	合同履行期间，因人工、材料、工程设备、机械台班价格波动影响合同价款时应根据合同约定的本规范附录 A 的方法之一调整合同价款	单价分析表中的人工费及机械设备费报得较高，而材料费报得较低

续表

条款号	条款内容	不平衡报价的表现形式
9.8.2	承包人采购材料和工程设备的，应在合同中约定主要材料、工程设备价格变化的范围或幅度，如没有约定，则材料、工程设备单价变化超过5%，超过部分的价格应按照价格指数调整法或造价信息差额调整法计算调整材料、工程设备费	单价分析表中的人工费及机械设备费报得较高，而材料费报得较低
9.3.1	工程变更引起已标价工程量清单项目或其工程数量发生变化，应按照下列规定调整：1. 已标价工程量清单中有适用于变更工程项目的，采用该项目的单价；但当工程变更导致该清单项目的工程数量发生变化，且工程量偏差超过15%，此时，该项目单价应按照本规范第9.6.2条的规定调整。2. 已标价工程量清单中没有适用、但有类似于变更工程项目的，可在合理范围内参照类似项目的单价；3. 已标价工程量清单中没有适用也没有类似于变更工程项目的，由承包人根据变更工程资料、计量规则和计价办法、工程造价管理机构发布的信息价格和承包人报价浮动率提出变更工程项目的单价，报发包人确认调整	有经验的承包商在认定分部分项工程量清单缺项时，可以对适用于或类似于需增加的工程量清单项目适用的综合单价报高
9.3.2	工程变更引起施工方案改变，并使措施项目发生变化的，承包人提出调整措施项目费的，应事先将拟实施的方案提交发包人确认，并详细说明与原方案措施项目相比的变化情况。拟实施的方案经发承包双方确认后执行，并应按照下列规定调整措施项目费：1. 安全文明施工费按照实际发生变化的措施项目依据本规范第3.1.5条的规定计算。2. 采用单价计算的措施项目费，按照实际发生变化的措施项目按本规范第9.3.1条的规定确定单价。3. 按总价（或系数）计算的措施项目费，按照实际发生变化的措施项目调整，但应考虑承包人报价浮动因素，即调整金额按照实际调整金额乘以本规范第9.3.1条规定的承包人报价浮动率计算	有经验的承包商在认定分部分项工程量清单缺项会引起措施项目变化时，可以对适用于或类似于需增加的措施项目综合单价报高

2.2 识别不平衡报价

2.2.1 工程量清单缺项

1. 工程量清单缺项基本概念

工程量清单缺项指在招投标阶段工程量清单编制过程中，由于编写人员的失误及疏漏，造成的在工程量清单中缺少一项或者几项分部分项工程量清单项目或措施项目的情况。

目前施行的合同范本、规范等文件中虽然没有对工程量清单缺项给出比较明确的定义，但都将其作为引起工程变更或价款调整的因素之一。如《建设工程工程量清单计价规范》（GB 50500—2013）中虽没对“工程量清单缺项”给出明确界定的条款，但 9.1.1 条规定：当工程量清单出现缺项情形时，发承包双方应当按照合同约定调整合同价款。另外《标准施工招标文件》（发改委［2007］第 56 号）、《建设工程施工合同（示范文本）》（GF-1999—0201）以及 99 版 FIDIC《施工合同条件》中都将“工程量清单缺项”列为引起工程变更的一种情形，具体条款如表 2-2 所示：

从表 2-2 可以看出，《建设工程施工合同（示范文本）》（GF-1999—0201）、《标准施工招标文件》（发改委［2007］第 56 号）以及 99 版 FIDIC《施工合同条件》中虽然没有明确提出“工程量清单缺项”的概念，但却给出了类似描述，即“为完成工程需要追加的额外工作”、“永久工程所必需的任何附加工程、永久设备、材料或服务，包括任何联合竣工检验、钻孔和其他检验以及勘察工作”。由此可见，工程量清单中所缺的项目需要在合同履行过程中通过工程变更的形式补充到清单中，而补充的新的项目就可理解为完成工程所需要的新工作。因此，工程量清单缺项是引起施工阶段工程变更的重要原因。工程变更的同时，原合同价款也需要进行相应的调整。结合《建设工程工程量清单计价规范》（GB 50500—2013）中的规定，可以得出工程量清单缺项与工程价款之间的联系，即工程量清单缺项将会引起施工阶段工程变更从而影响建设项目最终的工程价款。

表 2-2　合同范本、规范以及相关文件中对工程变更的界定

名称	《建设工程施工合同示范文本》	56 号令	13 版《清单计价规范》	新红皮书
年份	1999	2007	2013	1999
条款	29.1	15.1	9.1.1	13.1
条款内容	施工中发包人需对原工程设计进行变更，应提前 14 天以书面形式向承包人发出变更通知。变更超过原设计标准或批准的建设规模时，发包人应报规划管理部门和其他有关部门重新审查批准，并由原设计单位提供变更的相应图纸和说明。承包人按照工程师发出的变更通知及有关要求，进行下列需要的变更：（1）更改工程有关部分的标高、基线、位置和尺寸；（2）增减合同中约定的工程量；（3）改变有关工程的施工时间和顺序；（4）其他有关工程变更所要的附加工作	除专用合同条款另有约定外，在履行合同中发生以下情形之一，应按照本条规定进行变更。（1）取消合同中任何一项工作，但被取消的工作不能转由发包人或其他人实施；（2）改变合同中任何一项工作的质量或其他特性；（3）改变合同工程的基线、标高、位置或尺寸；（4）改变合同中任何一项工作的施工时间或改变已批准的施工工艺或顺序；（5）为完成工程需要追加的额外工作	以下事项（但不限于）发生，发承包双方应当按照合同约定调整合同价款：（1）法律法规变化；（2）工程变更；（3）项目特征描述不符；（4）工程量清单缺项；（5）工程量偏差；（6）计日工；（7）现场签证；（8）物价变化；（9）暂估价；（10）不可抗力；（11）提前竣工（赶工补偿）；（12）误期赔偿；（13）施工索赔；（14）暂列金额；（15）发承包双方约定的其他调整事项	每项变更可包括：（1）对合同中任何工作的工程量的改变；（2）任何工作质量或其他特性上的变更；（3）工程任何部分标高、位置和（或）尺寸上的改变；（4）省略任何工作，除非它已被他人完成；（5）永久工程所必需的任何附加工作、永久设备、材料或服务，包括任何联合竣工检验、钻孔和其他检验以及勘察工作；（6）工程的实施顺序或时间安排的改变

综上所述，在对“工程量清单缺项”进行概念的定义时，应该把握所缺项目的基本分类以及由于缺项可能造成的后果，基于此本书将“工程量清单缺项”定义为：为完成工程所必须的，而在工程量清单中未表现出来的及在合同履行阶段需要通过工程变更补充进来的分部分项工程项目或措施项目。

2. 工程量清单缺项的主要表现形式

从表 2-2 中能看出《标准施工招标文件》（发展改革委令第 56 号）和 99 版 FIDIC《施工合同条件》对这类由于工程量清单缺项造成的工程变更描述的侧重点各有不同。《标准施工招标文件》（发改委［2007］第 56 号）中将这类工程变更形式规定为“完成工程需要追加的额外工作”，是在原有已标价的工程量清单的基础上，并且在合同中规定的工作范围中追加的工作。而 99 版 FIDIC《施工合同条件》则将其描述为“附加工程”，即增加的分部分项工程可以是合同中已有的工作内容，这一类与《标准施工招标文件》（发改委［2007］第 56 号）所规定的“追加的额外工作”相一致，也可以是原有工程量清单中没有的分部分项工程。另外，设计施工图纸和《清单计价规范》中附录是衡量工程量清单漏项与否的标准。若施工图纸表达出的工程内容在计价规范的附录中有相应的项目编码和项目名称，但工程量清单中并没有项目反映出来，则也可以认定为工程量清单缺项。由此可得，工程量清单缺项的主要表现形式如表 2-3 所示。

表 2-3　　工程量清单缺项的四种主要表现形式

编号	表现形式分类	释　义
1	合同规定的工程范围内工程量清单中的额外工作	指为完成合同规定工程范围内的工程所必需增加的任何种类的增加工程。此类情况强调的是合同规定的工程范围内，同时又是完成工程所必需的工程项目。如桥梁的加孔或跨度的改变，涵洞或跨越构造物的增设，环保工程或排水设施的改善等。此类工程变更的发生往往是由于工程项目的前期工作不足，地质勘察工作薄弱，设计质量较差等造成的
2	合同规定的工程范围内工程量清单中未包含的额外工作	指合同规定的工程范围内但清单中并未包含该种工作。如在施工过程中，由于地质条件与工程设计不符，为保证工程质量和结构安全，增加工程量清单中未包含的工作项目。此类变更的发生主要是设计质量差、地质和现场条件发生变化造成的，为保证工程质量和施工过程中、未来运营中减少安全隐患必需增加 合同范围内的额外工作。此类变更往往都会在工程性质和工程数量上发生显著变化，造成费率、项目单价的重新确定以及工程费用的增加，工期的拖延等
3	施工图纸与工程量清单不符	指施工图纸表达出的工程内容在《清单计价规范》的附录中有相应的项目编码和项目名称，但工程量清单中并没有反映出来的清单项目
4	施工图纸与计价附录不符	指施工图纸表达出来的工程内容在《清单计价规范》附录中没有反映出来却是应该由工程量清单编制者进行补充的清单项目，也属于工程量清单缺项

3. 工程量清单缺项的主要类型

工程量清单缺项的类型很多，如在某安装工程中，工艺管道部分项目特征中描述低压碳钢管包括的内容有安装；套管制作、安装；压力试验；系统吹扫；系统清洗；脱脂；除锈、刷油、防腐；绝热及保护层安装、除锈、刷油。但缺少管件安装部分的描述，并且在整个系统的标单中，也没有管件的清单项。发包人应严格防范承包人若在报价阶段利用可能在施工阶段引起工程变更的机会点，并进行投标报价，从而杜绝承包人在施工阶段中提出关键安装项目缺项，申请变更。

工程量清单缺项会造成施工组织设计或施工方案的变更，同时也必然导致措施项目的变化。不同措施项目确定时参考的依据也不相同，如环境保护、安全文明施工、材料的二次搬运等项目，参考工程的施工组织设计确定；夜间施工、大型机械设备进出场及安拆、混凝土模板与支架、脚手架、施工排水、施工降水、垂直运输机械等项目参阅施工技术方案确定；施工技术方案没有表述的，但是为了实现施工规范与工程验收规范要求而必须发生的技术措施项目参考招标文件确定；一些不足以写进技术方案的，但是要通过一定的技术措施才能实现的内容参考设计文件确定。

4．工程量清单缺项产生的原因

分部分项工程量清单缺项机会点的识别是承包商不平衡报价的前提，明确工程量清单缺项产生原因可有利于发包人防范承包人利用工程量清单中缺漏的项目寻求变更机会点。

工程量清单中出现的缺项、少算、多算或重复计算，是招标文件中所附的工程量清单表精确度不高的表现。发包人在招标时，常由于设计周期短、工期紧，招标时采用初步设计图纸招标等原因，导致施工图与招标图纸变化大，出现工程量清单精确度不高的现象，进而出现招标工程量清单漏项的情况。造成招标人在编制工程量清单时出现清单项缺失的情况，主要是由以下几个因素导致的：

（1）对招标文件及法律、法规条款不熟悉；

（2）对施工工艺、施工流程或施工规范不熟悉；

（3）招标图纸设计深度不够或不完善；

（4）未能认真审阅核对招标图纸；

（5）编制校对复核制度不健全、不到位。

由此可见，发包人通常因设计周期短、工期紧以及对相关法律法规和施工工艺的不熟悉造成在编制招标工程量清单的时候出现缺项漏项的情况。业主方编制工程量清单时的“有限理性”，即对环境的计算能力和认识能力是有限的，使在编制工程量清单时不可能无所不知的完全准确“预见”未来的情况，因此必然会出现疏漏的现象。造成工程量清单缺项的原因可归结为图 2-1 所示：

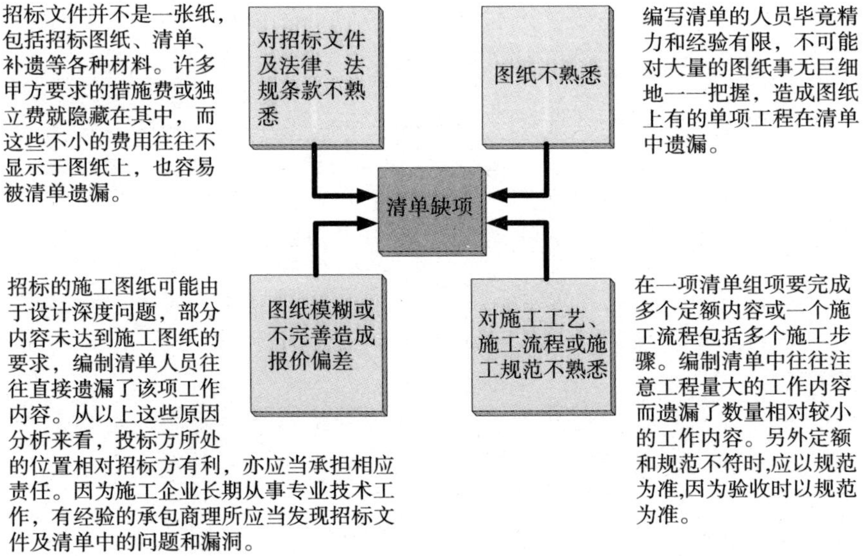

图 2-1　工程量清单缺项产生原因

5. 工程量清单缺项识别方法

承包商利用不平衡报价的前提是该风险由业主承担，因此为防止承包人寻找并利用不平衡报价机会点，招标人应在编制招标文件时对风险因素识别。

对于风险因素的识别，如故障树法、流程图法、德尔菲法、头脑风暴法、调查表法、核对表法、SWOT 技术法、项目工作分解结构（WBS）、因果图分析法以及问题树分析法等都是比较成熟的识别方法。

工程量清单缺项引起的工程变更主要表现为清单实体项目增加，及措施项目的增加。遗漏的分部分项工程的工程量和综合单价由施工承包商提出，经发包人确认后作为结算的依据。因此，在投标报价时，承包商往往通过现场踏勘、对比审核施工图纸和工程量清单，寻找工程量清单中的漏项，预期可能发生的工程变更进行不平衡报价，为实现创收创造条件。

当分部分项工程量清单漏项造成施工组织设计或施工方案发生变化时，引起措施项目发生变化，施工组织设计或施工方案的不同变化造成不同施工项目的变化。因此，有经验的承包商往往对施工方案及流程非常熟悉，能够准确判别工程量清单中措施项目的缺漏情况。

由工程量清单缺项的产生原因可以知道，在投标报价阶段，由于工期紧、设计周期短以及编制人员自身原因等因素，使得发包人在编制工程量清单时难免会存在不完善之处。发包人应对工程量清单和图纸工程量进行审核，从而发现清单中分部分项工程工程量缺漏的情况。同样，通过对施工图纸的审核，可以发现工程设计有不合理的地方，从而防范承包人找出清单中缺少的分部分项工程寻求不平衡报价。另外，承包商往往还根据以往的施工经验和现场分析来对实际工程量和工程量清单进行校核，以判断清单中是否存在缺项的情况。

综上所述，防范承包人利用工程量清单缺项进行不平衡报价可归纳为以下两点。第一，防范承包人通过校核工程量清单和设计文件来发现工程量清单中的缺项情况；第二，防范承包人利用已有经验以及现场踏勘等方式，发现设计图中的疏漏，从而找到工程量清单中的缺漏情况。

2.2.2 项目特征不符

《建设工程工程量清单计价规范》（GB 50500—2013）中 2.0.7 规定项目特征的定义构成分部分项工程项目、措施项目自身价值的本质特征。工程量清单项目特征是确定项目综合单价的重要依据。项目特征是相对于工程量清单计价而言，对构成实体的分部分项工程量清单项目和非实体的措施清单项目，反映其自身价值的特征进行描述，便于准确地确定综合单价。项目特征决定工程实体的实质内容，直接决定了工程实体的自身价值，因此准确和全面地描述工程量清单的项目特征对清单计价尤其重要。清单项目特征的描述，应根据《清单计价规范》附录中规定的内容、相应施工图纸、适用规范、标准图集，再结合实际工程情况，按照工程结构、使用材质及规格等，进行详细的表述和说明。13 版《清单计价规范》中第 9.4.2 款说明了承包人按照施工图纸进行施工，但承包人应按照工程量清单项目特征描述进行报价，综合单价确定的核心在于清单项目特征描述，如图 2-2 所示。

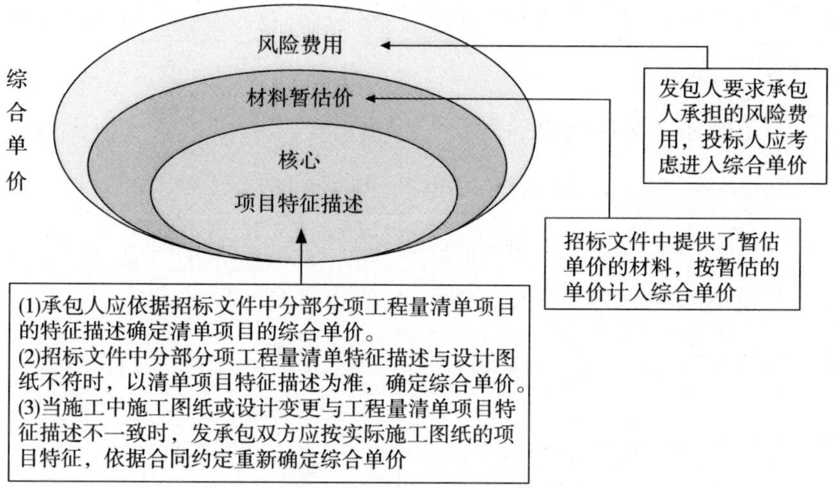

图 2-2　承包人投标报价时考虑的因素分析

工程量清单的“项目特征”决定综合单价，决定一个分部分项工程量清单项目价值的大小，任何不描述或描述不清或错误，均会在今后的合同履约过程中产生分歧，出现纠纷。当施工图纸与工程量清单项目特征描述不符发生工程变更时，如何确定合理的新综合单价是发包人防范承包人进行不平衡报价的关键。

发包人应杜绝工程量清单项目特征描述错误，从而防范承包人在投标报价时寻求不平衡报价的机会点，其常用的具体变更机会点如表 2-4 所示。

表 2-4　承包人常用项目特征描述错误机会点一览表

变更机会点	变更机会点情形	变更机会点细分	变更机会点细分内容	变更机会点综合单价确定方式
施工图纸与工程量清单项目特征描述不符	必须描述的内容不准确、不完整	正确计量的内容	图纸尺寸描述不同	
		结构要求的内容	混凝土构件中混凝土强度等级等	

续表

变更机会点	变更机会点情形	变更机会点细分	变更机会点细分内容	变更机会点综合单价确定方式
施工图纸与工程量清单项目特征描述不符	必须描述的内容不准确、不完整	材质要求的内容	油漆品种、管材材质等	①原清单中存在适用项目，直接套用原综合单价。②原清单中存在类似项目，参照类似项目综合单价。③原清单中无适用或类似项目，承包人重新确定综合单价
		安装方式的内容	管道工程中钢管的连接方式	
	可不详细描述内容不准确、不完整	无法准确描述的	土壤类别等	
		施工图纸、标准图集标注明确的	见×图集×页号及节点大样等	
		发包人在项目特征描述中注明由投标人自定的	土方工程中的“取土运距”、“弃土运距”等	
		对计量计价无实质影响的内容	现浇混凝土柱高度，断面大小等特征	
		应由投标人根据施工方案确定的	石方的预裂爆破的单孔深度及装药量特征	
		应由投标人根据当地材料和施工要求的内容	混凝土构件中的混凝土拌合料使用的石子种类及粒径、砂的种类的特征	
		应由施工措施解决的内容	现浇混凝土板、梁的标高的特征	

2.2.3 主材价格波动

建设项目开发的一个显著特点是周期长，一般而言，根据建设项目类型与规模的不同，项目建设周期持续的时间少则一年，多则几年，甚至几十年。如我国“三峡工程”，从1994年开始正式动工兴建直到于2009年才全部完工，整个项目持续了16年的时间。市场经济体制下，无论是一般商品市场还是建筑业市场，价格都会受到一双“看不见的手”的“操控”，使得价格随着供求关系上下波动。因此，项目建设持续的周期越长，对市场价格趋势判断的不确定性就越大，由此给发承包双方带来的风险也就越大。

主材价格波动属于物价波动的范畴，目前的法律法规中尚未对物价波动这一概念做出明确的解释，大部分涉及到物价波动的条款，都将其作为一种情形，如《建设工程工程量清单计价规范》（GB 50500—2013）中将物价波动作为引起合同价款调整的一种情形。《标准施工招标文件》（发改委［2007］第56号）将物价波动作为调价的原因之一，并给出了具体的调价公式。

近些年，建筑材料价格普遍上涨，主要材料价格变动幅度超出了发包人、承包人双方能够预测的风险范围和承受能力，从而引发了大量的合同价款纠纷事件的产生，在此背景下，为了保证政府投资项目及重点工程的正常实施，确保工程质量与安全，维护建设市场的正常秩序，减少合同价款纠纷事件的发生。各省市建设行政主管部门纷纷出台了造价管理文件来规范与指导该类纠纷问题的解决。但是发包人仍然要防范承包人利用对未来主材价格的预测变动走向，在总价不变的情况下报低主材价，从而相应调整其他材料费或者人工费、机械费，以获得调价的机会。

2.2.4 工程量错算

在招投标阶段，承包人往往根据招标文件提供的工程量清单的不准确，进行不平衡报价，在保证中标的前提下，寻求工程变更从而增加净收益。即按照工程量的变动趋势，预计工程量会增加的施工项目，提高单价；若工程量减少的施工项目，降低报价。一般情况下，承包人常用的“工程量清单工程量错算”利用策略如表2-5所示。

表2-5　承包人常用“工程量清单工程量错算”利用策略表

<table>
<tr><th colspan="2">工程项目出现的情况</th><th>报价的不平衡调整</th><th>不平衡报价种类</th><th>策略</th></tr>
<tr><td rowspan="2">工程量不明确部分</td><td>增加工程量</td><td>单价报高</td><td rowspan="4">工程量不平衡报价</td><td rowspan="4">工程变更</td></tr>
<tr><td>减少工程量</td><td>单价报低</td></tr>
<tr><td colspan="2">工程量增加的施工项目</td><td>单价报高</td></tr>
<tr><td colspan="2">工程量减少的施工项目</td><td>单价降低</td></tr>
</table>

分部分项工程的综合单价由人工费、材料费、施工机械使用费和企业管理费与利润，以及一定范围内的风险费用组成。而人工费、材料费和施工机械使用费分别由完成某单位数量的分项工程所需资源（如人工、材料、施工机械等）的消耗量和所消耗各类资源的单价汇总得到；企业管理费和利润则由各取费基数和各项费率汇总得到，费率可根据企业自身管理经营情况确定。因此，承包人往往将综合单价报高或报低的问题，转化为人、材、机各类资源的消耗量和单价，以及各项费率报高或者报低的问题，并考虑一定范围内的风险费用。分部分项工程综合单价构成图如图2-3所示。

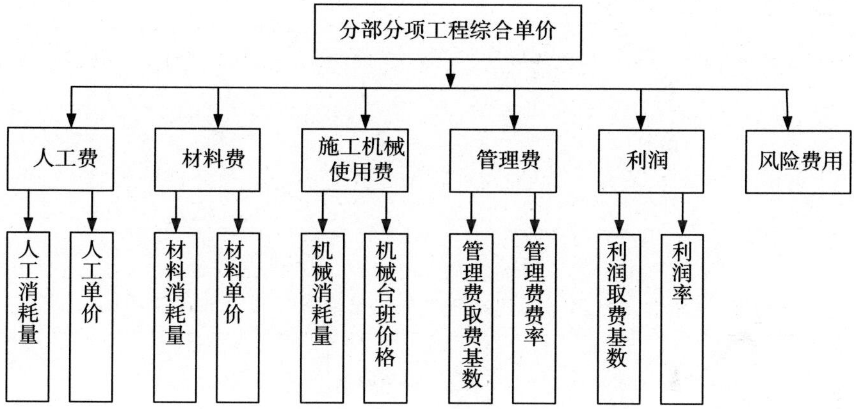

图 2-3　分部分项工程综合单价构成图

第 2 篇　合同价款调整中的工程造价精细化管理

施工精细化管理，就是需要对社会分工和服务质量的精细化，其主要是为了实现资源的有效利用，最大限度地减少资源的浪费，从而降低项目施工总成本。施工精细化的概念是我们借鉴的国外先进的管理技术，并且在我国逐步实现从理论到实践。

在我国，实现施工阶段的精细化管理，先要认真分析施工过程中的管理模式和方法，然后找出存在的问题和不足，最后以先进的科学技术去完善和实现精细化管理，从而降低施工的成本。

第 3 章　工程变更精细化管理

3.1　工程变更精细化管理依据

工程项目的复杂性决定发包人在招投标阶段所确定的施工方案往往存在某方面的不足。随着工程的进展和发承包双方对工程认识的加深，以及外部因素的影响，发承包双方常常会在工程施工过程中需要对工程范围、工作内容、技术要求、工期进度等进行修改，形成工程变更。一般认为，工程变更是指在合同实施过程中，当合同状态改变时，为保证工程顺利实施所采取的对原合同文件的修改与补充的一种措施。而合同状态就是合同签订时所受到的客观约束与主观愿望。例如工程范围、合同价款、合同工期、工程质量、施工环境、政治经济背景等。工程变更是合同标的物的变化，这就导致了业主和承包商之间权利义务指向的变化。

3.1.1　综合单价

工程变更对工程价款的影响由两个方面组成，分别是：量和价，即变更项目涉及的变更工程量以及变更项目涉及的综合单价。对于变更项目的工程量，其确定应按照合同中约定的工程量的计量方法进行，也就是按照一般的计量方法确定。对于变更项目的综合单价，是变更项目工程量清单中的综合单价，对于其综合单价的确定，《标准施工招标文件》（发改委［2007］第56号）、《建设工程工程量清单计价规范》（GB 50500—2013）和99版FIDIC《施工合同文件》中均有所规定，并且《建设工程工程量清单计价规范》（GB 50500—2013）明确说明工程变更确定的单价是综合单价。因此本书要研究工程变更项目综合单价的确定。工程变更项目综合单价的确定就是指工程变更项目涉及的分部分项工程量清单子目和以量计量的措施项目工程量清单子目中综合单价的确定。

分部分项工程量清单计价表包括项目编码、项目名称、项目特征描述、计量单位、工程量和金额，金额中包括综合单价，综合单价是对分部分项工程成本水平的一种显示，因此分部分项工程量清单综合单价是由完成单位分部分项工程量清单项目所需的规定费用组成。所以，工程变更项目综合单价就是由完成单位工程变更清单项目所需的规定费用组成。

1. 工程变更价款的费用组成

工程变更会引起工程价款的变化，导致工程价款的增加或减少，工程变更价款是工程价款的重要组成部分。由于工程变更也属于建设工程中的一部分，工程变更价款的组成应与合同价款的组成一致，因此工程变更价款的费用组成应符合建标［2003］206号《建筑安装工程费用项目组成》的有关要求；采用工程量清单计价规范的建设项目，其工程变更价款的组成应符合《建设工程工程量清单计价规范》（GB 50500—2013）的要求。

（1）《建筑安装工程费用项目组成》的规定

《建筑安装工程费用项目组成》规定的建筑安装工程费由直接费、间接费、利润和税金组成，而直接费由直接工程费和措施费组成；间接费由规费、企业管理费组成。直接工程费、措施费、规费、企业管理费、利润和税金具体内容如下：

①直接工程费是指施工过程中耗费的构成工程实体的各项费用。包括人工费、材料费、施工机械使用费。

②措施费是指为完成工程项目施工，发生于该工程施工前和施工过程中非工程实体项目的费用。

③规费是指政府和有关权力部门规定必须缴纳的费用（简称规费）。

④企业管理费是指建筑安装企业组织施工生产和经营管理所需的费用。

⑤利润是指施工企业完成所承包工程获得的盈利。

⑥税金是指国家税法规定的应计入建筑安装工程造价内营业税、城市维护建设税及教育费附加等。

（2）《建设工程工程量清单计价规范》（GB 50500—2013）的规定

《建设工程工程量清单计价规范》（GB 50500—2013）中第 4.1.4 条规定：工程量清单应由分部分项工程量清单、措施项目清单、其他项目清单、规费项目清单、税金项目清单组成。第 1.0.3 条规定：建设工程发承包及其实施阶段的工程造价由分部分项工程费、措施项目费、其他项目费、规费和税金组成。

①分部分项工程费，包括人工费、材料费、机械费、管理费、

利润。

②措施项目费，包括安全文明施工费、夜间施工费、二次搬运费、冬雨季施工、大型机械设备进出场及安拆费、施工排水、施工降水、地上、地下设施、建筑物的临时保护设施、已完工程及设备保护、各专业工程的措施项目费等。

③其他项目费，包括暂列金额、暂估价、计日工、总承包服务费。

④规费，包括工程排污费、社会保障费、住房公积金、危险作业意外伤害保险、工程定额测定费。

(3) 工程变更价款组成的探讨

《建筑安装工程费用项目组成》和《建设工程工程量清单计价规范》(GB 50500—2013) 对于工程变更价款的组成定义基本一致，那就是工程变更价款包括分部分项工程费、措施项目费、其他项目费、规费和税金。

然而，当建设工程合同规定了工程变更价款组成的内容时，则结算应按照合同约定确定工程变更价款。在现实工程中，有些合同会规定变更工程价款不包括其他项目费、措施费、规费、企业管理费、利润和税金中的一项或几项，那么在确认工程变更价款时，便不能包含合同约定的不包括的内容。一般地，工程变更价款包括分部分项工程费、措施项目费、规费和税金。因为暂列金额是工程变更费用的支付来源，而发生工程变更时，材料等的价格已然确定，因此不存在暂估价，故工程变更价款一般不包含其他项目费。

本章是按照《建设工程工程量清单计价规范》(GB 50500—2013) 的规定进行编写，工程变更价款是包含规费和税金，但是工程变更价款的确定应参考承包人投标时的报价，就是工程变更价款的组价与投标报价时的组价是对应的，而承包人的投标报价中综合单价、措施费、规费、税金是按照不同清单分别报价的。工程变更价款中规费和税金的计算方法和内容均是明确的，金额计算方法是确定变更项目的“计算基础”后直接乘以投标报价时的“费率”即可得出，而“计算基础”则是与综合单价等有关，因此规费和税金的计算非常直接。本章以后对于工程变更价款的确定主要研究对象就是分部分项工程量清单综合单价以及措施项目费。

2. 工程变更价款的支付来源

《建设工程工程量清单计价规范》（GB 50500—2013）中第 2.0.18 条规定：暂列金额是招标人在工程量清单中暂定并包括在合同价款中的一笔款项。用于工程合同签订时尚未确定或者不可预见的所需材料、工程设备、服务的采购，施工中可能发生的工程变更、合同约定调整因素出现时的合同价款调整以及发生的索赔、现场签证确认等的费用。因此，工程变更价款应从暂列金额中支付。

3. 研究对象的确定

《建设工程工程量清单计价规范》（GB 50500—2013）中的第 9.3.1 条和 9.3.2 条分别介绍了工程变更引起的实体项目和措施项目的价款调整的确定；《建设工程价款结算暂行办法》（财建［2004］369 号）中同样提及了经批准的设计变更可导致综合单价和措施费的调整。本研究是按照《建设工程工程量清单计价规范》（GB 50500—2013）的规定进行编写，工程变更价款中规费和税金的计算方法和内容均是明确的，金额计算方法是确定变更项目的“计算基础”后直接乘以投标报价时的“费率”即可得出，而“计算基础”

则是与综合单价等有关，因此规费和税金的计算非常直接。因此，将分部分项工程费以及措施项目费作为工程变更价款确定的主要研究对象。

3.1.2 分部分项工程费

1. 工程变更项目变更量的确定

《建设工程工程量清单计价规范》（GB 50500—2013）将工程计量分为单价合同的计量和总价合同的计量。第 8.2.2 条规定：施工中工程计量时，若发现工程量清单中出现缺项、工程量计算偏差，以及工程变更引起的工程量增减时，应按承包人在履行合同义务过程中实际完成的工程量计算。

第 8.3.2 条规定：采用经审定批准的施工图纸及其预算方式发包形成的总价合同，除按照工程变更规定引起的工程量变化外，总价合同各项目的工程量是承包人用于结算的最终工程量。

99 版 FIDIC《施工合同条件》中第 13.3 条规定：每一项变更应依据第 12 款“测量与估价”进行估价，除非工程师依据本款另外作出指示或批准。在第 12.1 和 12.2 条中，只规定了监理工程师和承包商之间计量的一般程序、内容和方法，并没有明确说明工程变更的计量应如何执行。

因此，变更项目的工程量的确定应按照合同中约定的工程量的计量方法进行。也就是按照一般的计量方法确定。

2. 工程变更项目综合单价的确定

（1）合同中已有适用的综合单价的情形

①表现形式

合同中已有适用的综合单价的变更，就是指该项目变更应同时符合以下特点：

a. 变更项目与合同中已有项目性质相同，即两者的图纸尺寸、施工工艺和方法、材质完全一致；

b. 变更项目与合同中已有项目施工条件一致；

c. 变更工程的增减工程量在执行原有单价的合同约定幅度范围内；

d. 合同已有项目的价格没有明显偏高或偏低；

e. 不因变更工作增加关键线路工程的施工时间。

合同中已有的单价适用于变更工程单价时，由于合同中单价是承包人在投标时的报价，并且业主已认可（承包人采用不平衡报价，业主没有发现除外），因此该单价容易被业主、承包人、监理工程师和咨询单位认可，此外工程量清单单价直接套用是比较合理的也是比较简便的。这类变更主要体现为工程量清单原有工程量的改变，在合同约定幅度内增加或减少。

②确定方法

合同中已有适用的综合单价，按合同已有的综合单价确定变更项目的综合单价，即已有项目签订合同时确定的投标报价。按已有的综合单价确定时包括两种情况：

第一，工程量的变化。由于设计图纸深度不够或者业主编写工程量清单时工程量编写错误，导致在实施过程中工程量产生变化，这种情况不改变合同标的物，不构成变更，执行原合同单价。

第二，工程量的变更。在工程项目建设过程中，由于工程变更使合同已有某些工程的工程量单纯地进行增减，这种变更的综合单价执行原合同单价。如某栋楼墙面贴瓷砖，合同中写明工程量是3000m^2，在实际施工过程中，业主进行变更，增加了贴瓷砖工程，面积增加至3200m^2。

③注意事项

合同中已有适用的综合单价的情形，处理起来最简单。因为当合同中已有项目直接适用变更项目时，由于合同中的工程量单价和价格由承包人投标时提供，用于变更工程，容易被发包人、承包人及监理人所接受，从合同上讲也是公平的。但在合同中需要注意对三点进行说明：

a. 对于工程量清单中已有的分部分项工程量的增减，在按照原有的综合单价进行调整时，应考虑到材料价格的波动。如果工程的工期较长，材料购买次数较多，材料价格的风险预测难度较大，则材料价格可以随市场价格波动进行调整，即采用调价公式对综合单价中的材料价格进行调整。

b. 在工程量清单计价模式下，由于采用的是综合单价，管理费和利润分摊进综合单价，工程量的变化必然会影响到合同约定的综合单价，《建设工程工程量清单计价规范》（GB 50500—2013）中条文说明第 4.7.5 条规定：当工程量清单项目工程量的变化幅度在10%以内时，其综合单价不做调整，执行原有综合单价。当工程量清单项目工程量的变化幅度在10%以外，且其影响分部分项工程费超过 0.1%时，其综合单价以及对应的措施费（如有）均应作调整。所以当某工程量的增减在合同约定的幅度内时，应按原综合单价和措施费计算，当超过合同约定的幅度时，应按调整管理费和利润分摊后的新综合单价计算，如果影响到措施费，还应调整措施费，具体的调整方法同因工程量增加调整综合单价的方法。

（2）合同中有类似综合单价的情形

①表现形式

合同中有类似单价的变更，就是指该项目变更应符合以下特点之一：

a. 变更项目与合同中已有的工程量清单项目，两者的材质改变，但是人工、材料、机械消耗量不变，施工工艺和施工方法、施工环境不变。

b. 变更项目与合同中已有的工程量清单项目，两者的施工图纸改变，但是施工工艺方法、材料、施工环境不变。

对于合同中有类似单价的变更，其变更不得增加关键线路工程的施工时间，也不得存在明显的不平衡报价。

合同中已有的单价类似于变更工程单价时，可以将合同中已有的单价拿来间接套用，或者对原单价进行换算，改变原单价组价中的某一项或某几项，然后采用，或者是对于原单价的组价，采取某一部分组价使用。

②确定方法

合同中有类似的综合单价，参照类似的综合单价确定变更项目的综合单价。当变更项目类似于合同中已有项目时，可以将合同中已有项目的工程量清单的综合单价拿来间接套用，即依据工程量清单，通过换算后采用；或者是部分套用，即依据工程量清单，取其综合单价中的某一部分使用。这里需要注意：对于“类似”的定义，目前并没有明确的规定。因此，在签订合同时，应当明确何种情况属于有类似于变更项目的综合单价。结合英国联合合同委员会 JCT

合同条件第13.1条款的规定，“类似”可以理解为以下情形：

a. 变更项目与合同中已有项目两者图纸尺寸不同，但施工方法、材质、施工条件相同。在此情形下，变更项目综合单价＝投标项目综合单价×调整系数。

b. 变更项目与合同中已有项目两者材质改变，而人工、材料、机械消耗量及施工方法、施工环境相同。在此情形下，变更项目综合单价＝报价综合单价＋(变更后材料价格－合同中的材料价格)×清单中材料消耗量。

c. 注意事项

合同中有类似的综合单价，参照类似的综合单价确定变更项目的综合单价。当变更项目类似于合同中已有项目时，可以将合同中已有项目的工程量清单的综合单价拿来间接套用，即依据工程量清单，通过换算后采用；或者是部分套用，即依据工程量清单，取其综合单价中的某一部分使用。这里需要注意：对于“类似”的定义，目前并没有明确的规定。因此，在签订合同时，应当明确何种情况属于有类似于变更项目的综合单价。

(3) 合同中无适用无类似综合单价的情形

①表现形式

合同中没有适用或类似综合单价的变更，就是指该项目变更应符合以下特点之一：

a. 变更项目与合同中已有的项目性质不同，因变更产生新的工作，从而产生新的单价，原清单单价无法套用；

b. 因变更导致施工环境不同；

c. 变更工程的增减工程量、价格在执行原有单价的合同约定幅度以外；

d. 承包人对原合同项目单价采用明显不平衡报价；

e. 变更工作增加了关键线路工程的施工时间。

合同中已有的单价没有适用或类似于变更工程单价时，须经双方协商，然后确认价格。《标准施工招标文件》（发改委［2007］第 56 号）中第 15.4.3 条规定：已标价工程量清单中无适用或类似子目的单价，可按照成本加利润的原则，由监理人按第 3.5 款商定或确定变更工作的单价。《建设工程工程量清单计价规范》（GB 50500—2013）第 4.7.3 条规定：合同中没有适用或类似的综合单价，由承包人提出综合单价，经发包人确认后执行。虽然两者规定存在差异，但是可以肯定的是变更综合单价必须经监理工程师确定才能生效，才能成为业主支付工程价款、承包人索要工程价款的依据。

②确定方法

《建设工程工程量清单计价规范》（GB 50500—2013）第 9.3.1 条规定：已标价工程量清单中没有适用也没有类似于变更工程项目的，由承包人根据变更工程资料、计量规则和计价办法、工程造价管理机构发布的信息价格和承包人报价浮动率提出变更工程项目的单价，报发包人确认后调整。合同中没有适用或类似的综合单价，由承包人提出综合单价，经发包人确认后执行。《最高人民检察院关于审理建设工程施工合同纠纷案件适用法律问题的解释》（法释［2004］14 号》第十六条规定：因设计变更导致建设工程的工程量或者质量标准发生变化，当事人对该部分工程价款不能协商一致的，可以参照签订建设工程施工合同时当地建设行政主管部门发布的计价方法或者计价标准结算工程价款。对于合同中没有类似和适用的价格的情况，在目前我国的工程造价管理体制下，一般采用按照预算定额和相关的计价文件及造价管理部门公布的主要材料信息价格进行计算。若发承包双方就工程变更价款不能达成一致意见，则可到工程所在地的造价工程师协会或造价管理站申请调解，若调解不成功，双方亦可提请合同仲裁机构仲裁或向人民法院起诉。对合同中没有适用或类似的综合单价情况变更工程价款的确定主要有四种定价方法，包括：

a. 计日工定价法

这种方法仅适用于一些小型的变更工作，此时可将这些小型变更工作进行分解，并分别估算出人工、材料、机械台班消耗的数量，按计日工形式并根据工程量清单中计日工的有关单价计价。对大型变更工作而言，这种计价方式是不适用的，因为一方面不利于施工效率的提高；另一方面，对发生的计日工数量的准确确定会有一定难度。

b. 实际组价法

这种方法也称为合理价值法。监理人根据投标文件、工程变更具体内容和形式确定合理的施工组织与生产效率，在此基础上预先确定人工费、材料费和设备使用费，或在工程变更实施后，由承包人提供人工、材料、机械消耗量原始凭据，并由监理人审核确认，人工单价、材料及机械台班单价在合同中已有的执行原合同单价，合同中没有的执行市场价或信息指导价（材料价格适用于工期很短的工程或材料价格基本不变的情况，如果工期较长或材料价格波动较大则采用动态调整的方法），变更工程的管理费及利润执行原合同确定的费率。

c. 定额组价法

这种方法适用于合同中没有适用的或类似于变更项目的综合单价，或虽有类似项目但综合单价不合理的情况。发承包人根据国家和地方颁布的定额标准和相关的定额计价依据及当地建设主管部门的有关文件规定确定变更项目的预算单价，然后根据投标时的降价比率确定变更项目综合单价。其中，消耗量可依据定额中适用项目确定人工、材料、机械的消耗量；人工单价、材料及机械台班单价在合同中已有的执行原合同单价，合同中没有的执行市场价或信息指导价（材料价格适用于工期很短的工程或材料单价基本不变的情况，如果工期较长或材料价格波动较大则采用动态调整的方法），变更工程的管理费及利润执行原合同确定的费率。由于该定额组价法存在不能反映不同施工方案下的综合单价的不同，也不能反映招投标价格的竞争性，特别是当承包人有不平衡报价时，该方法会加剧总造价的不合理性的问题，所以在预算价格的基础上要按照一定降价比例降价。降价比率的确定由发承包双方约定，可按中标价占施工图预算价格的比例确定。在使用该方法编制新增单价时应注意如下几个问题：

• 管理费率的确定方法：采用承包人投标文件预算资料中的相关管理费率。

• 人工费的确定方法：①采用相关定额计价根据和定额标准中的人工费标准；②采用承包人投标文件预算资料中的人工费标准。

• 材料单价的确定：①采用承包人投标文件预算资料中的相应材料单价（仅适用于工期很短的工程或材料单价基本不变的情况）；②采用当地工程造价信息中提供的材料单价；③采用承包人提供的材料正

式发票直接确定材料单价；④通过对材料市场价款调查得来的单价。

• 降价比率的确定。按照如下公式进行计算：

$$降价比率=\frac{清单项目的预算总价-评标价}{清单项目预算总价}\times 100\%$$

d. 数据库预测法

数据库预测法是双方未达成一致时应采取的策略。如果双方对变更工程价款不能协商一致，最高人民法院的解释是“因设计变更导致建设工程的工程量或者质量标准发生变化，当事人对该部分工程价款不能协商一致的，可以参照签订建设工程施工合同时当地建设主管部门发布的计价方法或者计算标准确定合同价款。”解释中的计价标准可以理解为地方颁布的统一预算定额，反映的是当地社会平均水平和社会平均成本。根据司法解释，当双方对工程变更价款不能协商一致时，应根据社会平均成本确定工程变更价款，数据库预测法即是基于这种司法解释。在实际操作中，发包人据此会提出三种确定工程变更价款的方法：1）以国家和地区颁布定额标准为计算依据确定工程变更价款；2）以发包人内部建立的数据库确定工程变更价款，数据库积累了近几年建设工程的详细价格信息，从中筛选适用的综合单价；3）根据所有投标书中相关项目的综合单价分别算出总价后平均，确定工程变更价款。

③注意事项

没有适用或类似综合单价的工程变更项目综合单价由成本和利润组成。成本包括变更项目子目的人工费、材料费、机械使用费和管理费，利润只是变更项目子目的利润费用。变更项目子目的人工费、材料费、机械使用费分两部分确定，一部分变更项目子目工作内容在原合同中有适用工作内容的，变更项目工作内容的人工费、材料费、机械使用费单价套用原工作内容的人工费、材料费、机械使用费单价，工作内容的工程量按照计算规则确定。另一部分变更项目子目工作内容在原合同中没有适用工作内容的，应根据定额确定人材机的定额单位用量，根据计算规则确定工作内容的工程量，并根据市场价格确定人材机的单价，在此基础上考虑承包人的让利率，让承包人承担降价的风险，从而形成人工费、材料费。机械使用费。把这两部分汇总便形成工程变更项目综合单价中的人工费、材料费、机械使用费。用管理费率乘以管理费计算基数得出管理费。用利润率乘以利润计算基数得出利润。这些费用汇总便形成工程变更项目综合单价。

3.1.3 项目措施费

1. 措施项目的分类

(1) 措施项目的定义

根据《建设工程工程量清单计价规范》(GB 50500—2013) 对措施项目的定义，措施项目为完成工程项目施工，发生于该工程施工准备和施工过程中的技术、生活、安全、环境保护等方面的非工程实体项目。

措施项目清单与分部分项工程量清单的区别之处在于是否构成工程实体，构成工程实体的属分部分项清单的项目，不构成工程实体的则为措施项目。构成工程实体的含义为，该部分工程内容如在工程完工后拆除和不存在，则直接影响工程的安全或影响设计意图的实现。

(2) 措施项目的分类

《建设工程工程量清单计价规范》（GB 50500—2013）将措施费分为以下三类：安全文明施工费、按单价计算的措施费和按总价计算的措施费。

《房屋与装饰工程计量规范》中将按单价计算的措施分为：(1) 脚手架费；(2) 混凝土、混凝土模板及支架（撑）费；(3) 垂直运输费；(4) 超高施工增加费；(5) 大型机械设备进出场及安拆费；(6) 施工排水、降水费。

本书在此基础上，再综合考虑措施项目的全过程，并且力争让措施项目的工程变更价款分析与措施项目分类相吻合，因此将措施项目分为按总价计算的措施项目和按单价计算的措施项目。又因为安全文明施工费的调整方法也可以归为按总价计算的措施费中，因此本研究将措施项目引起的工程变更价款的确定分为两类：按单价计算的措施费和按总价计算的措施费。

2. 单价措施项目价格的调整

《建设工程工程量清单计价规范》（GB 50500—2013）第 9.3.2 条规定：工程变更引起施工方案改变，并使措施项目发生变化的，承包人提出调整措施项目费的，应事先将拟实施的方案提交发包人确认，并详细说明与原方案措施项目相比的变化情况。拟实施的方案经发承包双方确认后执行。并应按照下列规定调整措施项目费。采用单价计算的措施项目费，按照实际发生变化的措施项目按本规范第 9.3.1 条的规定确定单价。

由此可以看出，按单价计算的项目措施项目的工程变更价款与分部分项工程费的工程变更价款的确定原则一致。即

(1) 合同中已有的综合单价，按合同中已有的综合单价确定；

(2) 合同中有类似的综合单价，参照类似的综合单价确定；

(3) 合同中没有适用或类似的综合单价，由承包人提出综合单价，经发包人确认后执行。

当工程缺项或变更造成单价措施项目发生变化时，承包人有权提出调整措施项目费。承包人提出调整措施项目费，应事先将拟实施的方案提交监理工程师确认，并详细说明与原方案措施项目的变化情况，拟实施的方案经监理工程师认可，并报发包人批准后执行。工程缺项或变更部分的单价措施项目费，由承包人按实际发生的措施项目并依据变更工程资料、计量规则和计价办法、工程造价管理机构发布的参考价格和承包人报价浮动率提出调整价款。该情况下发包人、承包人按以下方法计算合同工程结算的措施项目费：

1. 当工程缺项或变更增加措施项目时，由承包人在递交竣工结算文件时按下述公式向发包人提出，经发包人确认后执行：

$$M_1 = M_0 + \Delta M$$

2. 当工程变更减少措施项目时，由监理工程师在核实竣工结算文件时按下述公式向承包人提出，经发包人承包人确认后执行：

$$M_1 = M_0 - \Delta M \times L\%$$

式中：M_1 是工程结算的措施项目费；M_0 是承包人在工程量清单中填报的措施项目费；ΔM 是工程变更部分的措施项目费；$L\%$是上述的承包人报价浮动率；

如果承包人未按规定事先将拟实施的方案提交给监理工程师，则认为工程缺项或变更不引起措施项目费的调整或承包人放弃调整措施项目费的权利。

因此，单价项目形成的合同价款必须要在相应清单子目的工程量全部计量完成后才可以确认。若在当期进度款中相应清单子目的工程量没有被全部计量完成时，可先用以被计量完成的工程量乘以清单中的综合单价形成合同估算价款。待下期进度款中，清单子目的工程量全部计量完成后，对已形成的合同估算价款做出修正，形成合同价款。

其形成合同价款的机理如图 3-1 所示。

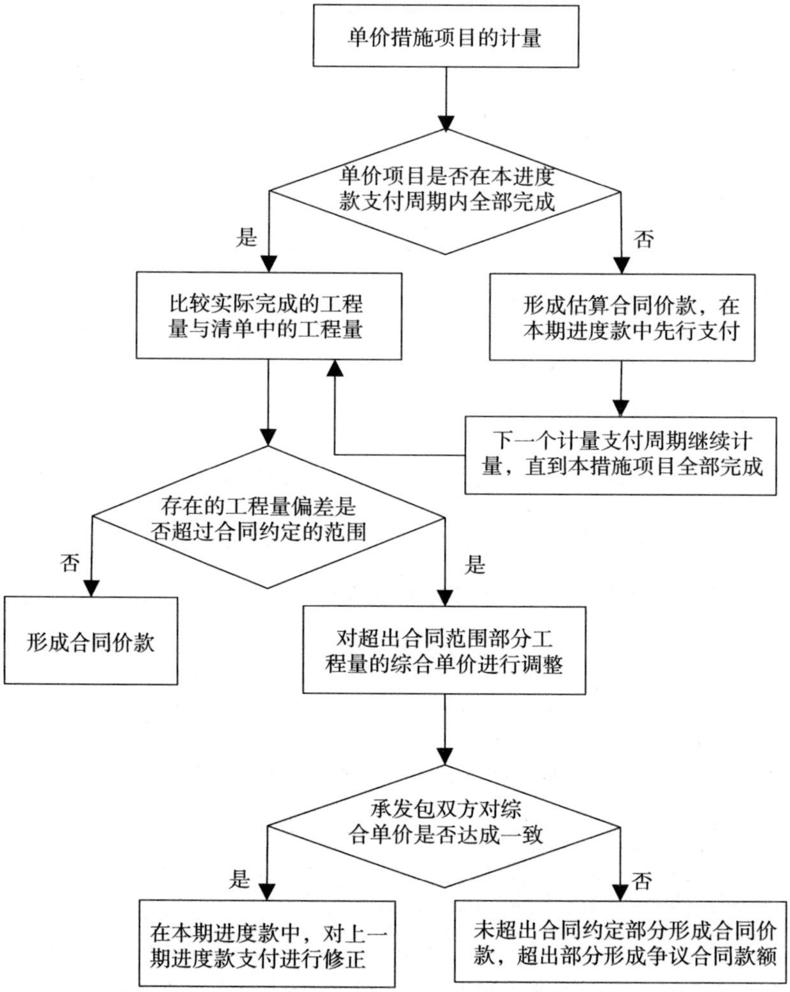

图 3-1　单价项目款额形成合同价款的机理分析

3. 总价措施项目价格的调整

在合同中，总价项目的价款一般采用总额包干。施工过程中只要工程总体规模不发生实质性变化，其费用不做调整。但若未作约定，可按以下情况进行价格调整。

按照实际发生变化的措施项目调整，但应考虑承包人报价浮动因素，即调整金额按照实际调整金额乘以承包人的报价浮动率（即承包人的让利率）计算。

招标工程：承包人报价浮动率 $L=\left(1-\frac{\text{中标价}}{\text{招标控制价}}\right)\times 100\%$

非招标工程：承包人报价浮动率 $L=\left(1-\frac{\text{报价值}}{\text{施工图预算}}\right)\times 100\%$

（1）计费基数的变化引起的费用变化问题

首先是分部分项工程量（工程实体部分）的数量变化，引起措施费因计算基数的变化而改变。

（2）工程缺项或变更引起的费用变化问题

当工程缺项或变更造成总价措施项目发生变化时，承包人有权提出调整措施项目费。工程缺项或变更部分的总价措施项目费，由承包人按实际发生的措施项目并依据原计算基础和费率，并考虑报价浮动率提出调整价款。该情况下发包人、承包人按以下方法计算合同工程结算的总价措施项目费。具体调整情况如表 3-1 所示。

表 3-1　　工程缺项造成措施项目费用的调整情况

调整类型	调整公式
工程缺项或变更增加措施项目	工程结算的措施项目费＝工程量清单中填报的措施项目费＋工程变更部分的措施项目费
当工程变更减少措施项目	工程结算的措施项目费＝工程量清单中填报的措施项目费－工程变更部分的措施项目费×承包人报价浮动率

综上所述，总价项目价格调整的因素有两点：

①当工程量出现较大变化时，与整个建设项目相关的综合取定的措施项目费用是否随分部分项工程费增减而调整。在形成合同价款的过程中，体现了先行进度款支付，最后修正的特点；

②工程缺项或变更造成措施项目发生变化。

工程变更项目规费及税金的确定仍按照国家规定的比率进行交纳，故在此不作讨论。

3.2 工程变更精细化管理程序

1. 实体项目变更的程序

《标准施工招标文件》（发改委［2007］第56号）中第15.3条对工程变更的程序有明确规定：

（1）变更的提出

工程建设项目变更应由监理工程师向承包商发出变更指示，承包商收到变更指示后按照变更指示执行。变更指示只能由监理工程师发出，并且变更指示应说明变更的目的、范围、变更内容以及变更的工程量及其进度和技术要求，并附有关图纸和文件。没有监理工程师的变更指示，承包人不得擅自变更。引起监理工程师发出变更指示的有以下四种情况。

①监理工程师认为可能发生变更情形

在合同履行过程中，监理工程师认为可能发生变更情形的，监理工程师可向承包人发出变更意向书。变更意向书应说明变更的具体内容和发包人对变更的时间要求，并附必要的图纸和相关资料。

变更意向书应要求承包人提交包括拟实施变更工作的计划、措施和竣工时间等内容的实施方案。发包人同意承包人根据变更意向书要求提交的变更实施方案的，由监理工程师发出变更指示。若承包人收到监理工程师的变更意向书后认为难以实施此项变更，应立即通知监理人，说明原因并附详细依据。监理人与承包人和发包人协商后确定撤销、改变或不改变原变更意向书。

②监理工程师认为发生了变更情形

在合同履行过程中，发生合同中约定变更情形的，监理工程师向承包人发出变更指示，变更指示应包括变更的目的、范围、变更内容以及变更的工程量及其进度和技术要求，并附有关图纸和文件。

③承包人认为存在变更情形

承包人收到监理工程师按合同约定发出的图纸和文件，经检查认为其中存在合同约定变更情形的，可向监理工程师提出书面变更建议。变更建议应阐明要求变更的依据，并附必要的图纸和说明。监理工程师收到承包人书面建议后，应与发包人共同研究，确认存在变更的，应在收到承包人书面建议后的 14 天内作出变更指示。经研究后不同意作为变更的，应由监理工程师书面答复承包人。

（2）变更估价

①除专用合同条款对期限另有约定外，承包人应在收到变更指示或变更意向书后的 14 天内，向监理人提交变更报价书，报价内容应根据变更估价原则，详细开列变更工作的价格组成及其依据，并附必要的施工方法说明和有关图纸。

②除专用合同条款对期限另有约定外，监理人收到承包人变更报价书后的 14 天内，根据变更估价原则，商定或确定变更价格。如

双方不同意监理人提出的价格，按争议解决方式处理。《标准施工招标文件》（发改委［2007］第56号）中规定的变更的确认、指示和估价过程如图3-2所示：

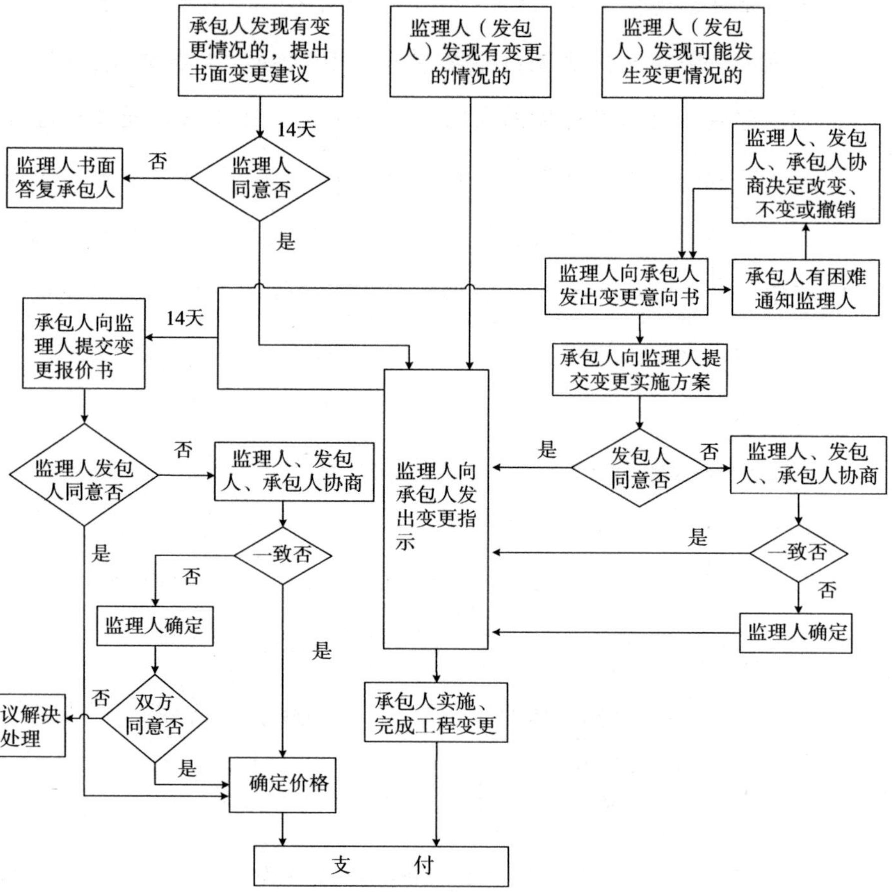

图3-2　变更指示及估价的程序

（3）变更实施及支付程序

承包人收到变更指示后，应按照变更指示实施工程变更。《标准施工招标文件》（发改委［2007］第56号）第17.3.2条规定：进度付款申请单应包括增加和扣减的变更金额。因此在进度款计量和支付的周期内，应计量已完工程变更的工程量，按照监理工程师商定或确定的变更综合单价，确定应支付的变更合同价款。《建设工程工程量清单计价规范》（GB 50500—2013）第 8.2.2 条规定：施工中进行工程计量时，若发现工程量清单中出现缺项、工程量计算偏差，或因工程变更引起工程量的增减，应按承包人在履行合同义务过程中实际完成的工程量计算。因此工程变更项目的工程量的确定应按照合同中约定的工程量的计量方法进行，也就是按照一般的计量方法确定。在竣工结算前发生的工程变更，应在竣工结算时计量和计价，汇同未支付的变更综合单价，在竣工结算时支付。具体程序如图 3-3 所示。

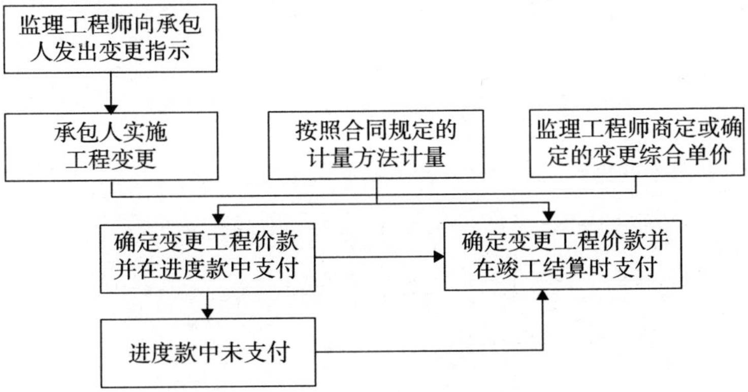

图 3-3 变更实施及支付程序图

2. 措施项目变更的程序

根据《建设工程工程量清单计价规范》（GB 50500—2013）中第 9.3.2、9.5.2、9.5.3 条的规定确定变更发生后措施项目费的调整程序。具体程序如图 3-4 所示。

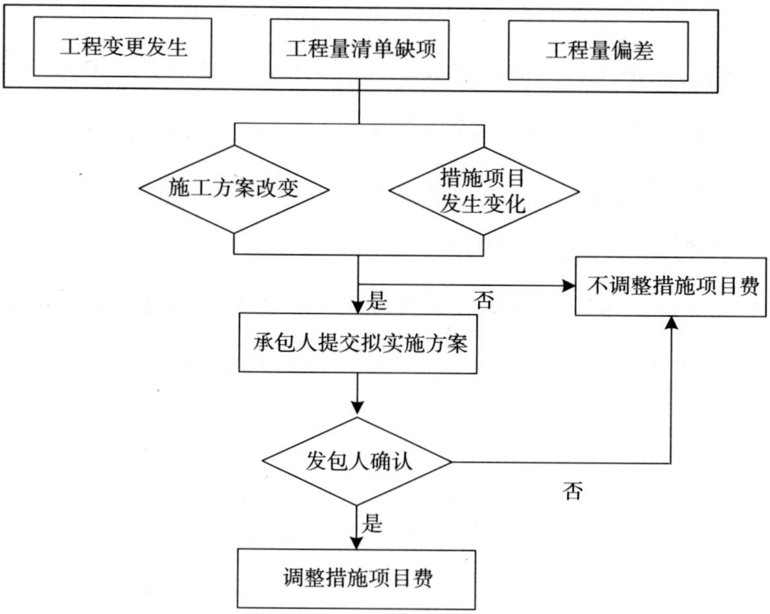

图 3-4　工程变更措施项目费的确定程序

9.3.2 工程变更引起施工方案改变，并使措施项目发生变化的，承包人提出调整措施项目费的，应事先将拟实施的方案提交发包人确认，并详细说明与原方案措施项目相比的变化情况。拟实施的方案经发承包双方确认后执行。并应按照下列规定调整措施项目费：

(1) 安全文明施工费按照实际发生变化的措施项目依据本规范第 3.1.5 条的规定计算。

(2) 采用单价计算的措施项目费，按照实际发生变化的措施项目按本规范第 9.3.1 条的规定确定单价。

(3) 按总价（或系数）计算的措施项目费，按照实际发生变化的措施项目调整，但应考虑承包人报价浮动因素，即调整金额按照实际调整金额乘以本规范第 9.3.1 条规定的承包人报价浮动率计算。

如果承包人未事先将拟实施的方案提交给发包人确认，则视为工程变更不引起措施项目费的调整或承包人放弃调整措施项目费的权利。

9.5.2 新增分部分项工程清单项目后，引起措施项目发生变化的，应按照本规范第9.3.2条的规定，在承包人提交的实施方案被发包人批准后，调整合同价款。

9.5.3 由于招标工程量清单中措施项目缺项，承包人应将新增措施项目实施方案提交发包人批准后，按照本规范第9.3.1、9.3.2条的规定调整合同价款。

3.3 工程变更精细化管理措施

3.3.1 预防措施

工程变更具体的预防措施重点体现在以下几方面。

1. 切实提高项目决策的科学性

项目决策阶段要确定项目的投资规模、建设标准、建设选址、工艺评选、平面布置、设备选用等重大事项，其中任何事项的变更，都会对工程价款的控制产生实质性的重大影响。因此，科学合理的决策是控制变更的根本前提，必须切实做实做好。

2. 抓好设计方案的优化和完善

设计图纸是施工的依据，重视设计、抓好设计过程的各个环节，对控制工程变更是非常重要的。首先发包人要做好设计的前期工作，提出详尽明确的设计任务书，其次是抓好设计的优化，在方案设计、初步设计和施工图设计的整个过程中逐步深化、优化设计内容，重要环节组织专家论证，以保证设计质量，尽可能降低设计变更的数量。

3. 保证招标文件和工程量清单的编制质量

工程量清单和招标文件是合同的重要组成部分，要认真编制、审核工程量清单，减少因工程量清单与施工图纸不符造成的工程变更。在合同中应对工程变更价款的确定方法进行明确约定，减少因约定不明而导致的变更风险。

3.3.2 控制措施

工程变更价款确定的控制措施有以下几条。

1. 熟悉合同、招标文件、投标文件

发包人应熟悉合同，招标文件和承包人的投标文件。双方在施工合同中应约定各自承担的费用风险，例如材料价格和工程量的风险分担原则，同时应约定工程变更价款的调整方法，在确定工程变更价款时应首先遵循这些方法。

2. 严格审查投标文件中的综合单价

发包人在评标过程中，应严格审查承包人提交的综合单价分析表，尤其是材料价格，避免承包商不平衡报价的出现。因为，发包人如果在确定工程变更价款时才发现承包人利用了不平衡报价增加利润，想要重新确定综合单价是很困难的。在实际中，承包人往往会依据最高人民法院《关于审理建设工程施工合同纠纷案件适用法律问题的解释》（法释［2004］14号）第十六条的相关规定，要求使用投标文件中的综合单价，而发包人想证明此类做法会损害公平原则或显示公平是很困难的。

3. 熟悉工程变更价款的定价方法，确定变更类别

发包人收到承包人递交的变更报价单后，应按照 08 版《清单计价规范》中给出的三种情况确定该变更属于何种情况，选择适合的定价方法，分析承包人的变更报价是否符合该方法的计算原则，再对其每一项内容的真实性进行具体核定。

4. 深入现场了解施工情况

发包人应深入现场了解施工情况，弄清引起变更的原因，分清变更责任的主体，掌握变更工程基本施工工艺，增强感性认识。同时，还要与监理人、承包人进行座谈，收集工程变更有关资料、掌握现场施工动态，做到工程变更价款的确定与实际情况相结合。

5. 正确套用行业和省市级颁布的定额

熟悉有关定额是确定工程变更价款的基础。特别应熟悉定额中每一项包含的工程内容、定额中存在的包含关系以及适用条件等，否则容易造成定额错套、漏套或重复套用等问题。

6. 了解市场，合理取定材料单价

关于工程变更价款中材料价格的确定，往往是双方存在争议的重要问题。首先应按照合同约定原则，如果合同中没有约定，投标文件已有价格的，采用投标文件的价格；没有价格的，采用市场价格或造价信息价格。发包人必须建立完整的设备、材料价格库，掌握不断变化的市场价格，并做到及时跟踪、动态分析。

7. 加强工程签证管理

工程变更集中反映在施工阶段，工程签证是工程变更处置的主要载体，是合同的补充条款，因此必须高度重视和加强工程签证工作，实质上也就是重视合同的管理工作。在提高签证人员责任心和

业务水平的同时，严规范格工程签证的权限、内容、形式、时效、程序，保证工程签证的效力。

8. 对变更进行分类控制

把变更分类两大类，一类是发包人或监理工程师引起的原因，成为A类变更；另一类是承包商引起的原因，称为B类原因。对于这两大类变更应继续进行分类。对于A类变更，应分为3～4类，A1类变更是最重要变更，A2相对弱一些，以此类推。对于B类变更，由于是承包商引起的，不会对合同价款进行影响，不会调整合同价款，但是会对项目产生影响，因此B类变更只需分为两类，对项目影响大的变更分为一类，为B1类，对项目影响较小的变更分为一类，为B2类。发包人方可以由不同的人员对变更进行管理和控制。对变更影响合同价款进行规定。规定内容为：

(1) A1类变更调整合同价款，工程变更价款由发包人承担。

(2) A2类变更累计变更额达到L万元以上时，对超过L万元以上的部分进行合同价款调整，这部分工程变更价款由发包人承担。

(3) A3类变更不对合同价款进行调整。

(4) B类变更不对合同价款进行调整。

9. 发包人防止承包商对变更、签证价款进行漫天要价

在合同中规定承包商报价大于最终审核价款的一定百分比或者一定金额后，造价咨询费由承包商承担或者对承包商进行罚款

10. 新增项目变更金额的确定

(1) 直接费+税金，这就减少了承包商的报价金额；(2) 按照定额费用减去规费、利润计取。定额的价格一般会比市场价要高，但是如果去掉定额中的规费和利润，那么所得费用就比市场价要低，

承包商如果进行这项工作就会赔钱。但是这种计费标准也有其好处，价款确定方法已经规定，直接查找定额即可，根据定额确定新增项目价款，非常简便，工作量相对少。此外，这也防止了承包商对于新增项目的胡乱要价。规费包括工程排污费、工程定额测定费、社会保障费、住房公积金、危险作业意外伤害费。规费虽然国家规定收取，但是每一个企业的缴纳规费的数额并不一致，有的承包商缴纳的少，但是跟发包人却按照取费标准要，因此其中价差便可以当做利润。

3.3.3 处理措施

根据《建设工程工程量清单计价规范》（GB 50500—2013）第 5.2.3 条规定：分部分项工程和措施项目中的单价项目，应根据拟定的招标文件和招标工程量清单项目中的特征描述及有关要求确定综合单价计算。

《建设工程工程量清单计价规范》（GB 50500—2013）第 6.2.3 条规定：分部分项工程和措施项目中的单价项目，应依据招标文件及其招标工程量清单项目中的特征描述确定综合单价计算。工程变更引起施工方案改变，并使措施项目发生变化的，承包人提出调整措施项目费的，应事先将拟实施的方案提交发包人确认，并详细说明与原方案措施项目相比的变化情况。拟实施的方案经发承包双方确认后执行。并应按照下列规定调整措施项目费：

1. 安全文明施工费按照实际发生变化的措施项目依据本规范第 3.1.5 条的规定计算。

2. 采用单价计算的措施项目费，按照实际发生变化的措施项目按本规范第 9.3.1 条的规定确定单价。

3. 按总价（或系数）计算的措施项目费，按照实际发生变化的措施项目调整，但应考虑承包人报价浮动因素，即调整金额按照实际调整金额乘以本规范第 9.3.1 条规定的承包人报价浮动率计算。

9.5.2 新增分部分项工程清单项目后，引起措施项目发生变化的，应按照本规范第 9.3.2 条的规定，在承包人提交的实施方案被发包人批准后，调整合同价款。分部分项工程和措施项目中的单价项目应依据双方确认的工程量与已标价工程量清单的综合单价计算。如发生调整的，以发承包双方确认调整的综合单价计算。

第 4 章 现场签证精细化管理

4.1 现场签证精细化管理依据

《建设工程工程量清单计价规范》(GB 50500—2013) 第 2.0.24 条将现场签证定义为发包人现场代表（或其授权的监理人、工程造价咨询人）与承包人现场代表就施工过程中涉及的事件所做的签证说明。

现场签证、工程变更和工程索赔三者都是涉及合同价款调整的，是伴随着施工的实施而产生的费用，都将计入合同价款以形成最终的工程造价。三者的联系和区别如表 4-1 所示。

表 4-1 现场签证、工程变更和工程索赔三者联系和区别

序号	对比内容	现场签证	工程变更	工程索赔
定义		现场签证是指发包人现场代表（或其授权的监理人、工程造价咨询人）与承包人现场代表就施工过程中涉及的事件所做的签证说明	《建设工程工程量清单计价规范》(GB 50500—2013) 第 2.0.16 条将“工程变更”定义为合同工程实施过程中由发包人提出或由承包人提出经发包人批准的合同工程任何一项工作的增、减、取消或施工工艺、顺序、时间的改变；设计图纸的修改；施工条件的改变；招标工程量清单的错、漏从而引起合同条件的改变或工程量的增减变化	《建设工程工程量清单计价规范》(GB 50500—2013) 第 2.0.23 条将“索赔”定义为在工程合同履行过程中，合同当事人一方因非己方的原因而遭受损失，按合同约定或法规规定应由对方承担责任，从而向对方提出补偿的要求

续表

序号	对比内容	现场签证	工程变更	工程索赔
联系		现场签证为工程变更和工程索赔提供支撑依据，对于施工过程中出现的质量、费用、工期的改变，可以通过现场签证或工程变更的方式调整，如果双方未能达成一致则需要进行工程索赔		
01	反映内容	现场签证是一种在施工过程中出现的，涉及双方责任和费用的事项的证明机制，现场签证突出的重点是证明	工程变更是一种对双方在合同签订中确认的合同状态进行主观或客观的改变机制，工程变更突出的重点是改变	工程索赔是一种建立在一方出现非自身过错而遭受损失时的补偿机制，工程索赔突出的重点是补偿
02	处理方式	现场签证是通常情况下先签证后实施，但对于紧急事件也可以先实施后签证	工程变更是发包人先发出变更指令，承包人实施，例如《标准施工招标文件》15.3.3 规定：承包人收到变更指示后，应按变更指示进行变更工作	工程索赔是已经发生了实际事件、造成实际损失后才能进行索赔
03	实施主体	现场签证作为对施工中特殊事项的证明，可以由发包人提出，也可以由承包人提出，承包人以最终生效的签证单为依据进行施工	工程变更作为对合同的修改与补充，提出有三种方式：由发包人直接提出变更指令、由监理人向承包人发出变更意向书、由承包人提出变更建议书，但不论哪种情形，最终应由发包人向承包人发出书面变更指令，指示承包人进行变更工作	工程索赔作为对遭受损失一方的弥补，可以是承包人向发包人的工程索赔作为对遭受损失一方的弥补，可以是承包人向发包人的索赔，也可以是发包人向承包人的索赔
04	实施角度	从实施的角度来讲，现场签证是单向的	从实施的角度来讲，工程变更是单向的	从实施的角度来讲，而工程索赔的实施是双向的

4.1.1 法律依据

国内有 4 个文件中相关条款提到了现场签证。

中国建设工程造价管理协会 2002 年发布的《工程造价咨询业务

操作指导规程》中，将现场签证解释和定义为“按发承包合同约定，一般由发承包双方代表就施工过程中涉及合同价款之外的责任事件所作的签认证明”。

最高人民法院《关于审理建设工程施工合同纠纷案件适用法律问题的解释》（法释［2004］14 号）第 19 条规定：当事人对工程量有争议的，按照施工过程中形成的签证等书面文件确认。承包人能够证明发包人同意其施工，但未能提供签证文件证明工程量发生的，可以按照当事人提供的其他证据确认实际发生的工程量。

《建设工程价款结算暂行办法》（财建［2004］369 号）第 14 条第 6 款规定发包人要求承包人完成合同以外零星项目，承包人应在接受发包人要求的 7 天内就用工数量和单价、机械台班数量和单价、使用材料和金额等向发包人提出施工签证，发包人签证后施工。如发包人未签证，承包人施工后发生争议的，责任由承包人自负。

《建设工程工程量清单计价规范》（GB 50500—2013）第 2.0.24 条规定，发包人现场代表（或其授权的监理人、工程造价咨询人）与承包人现场代表就施工过程中涉及的事件所做的签证说明。

综上可知，国内的文件对现场签证的条款规定强调的共同点是：现场签证的要件如下 3 条：（1）签证主体；（2）签证事项；（3）签证形式。现场签证的效力是发承包双方对工程相关事项的确认，是确定工程相关事项的有力证明文件，以上 3 项缺一不可。

国内的文件对现场签证的条款规定侧重点不同的是，《工程造价咨询业务操作指导规程》及《建设工程工程量清单计价规范》（GB 50500—2013）均是侧重于现场签证的签证主体及签证事项；最高人民法院《关于审理建设工程施工合同纠纷案件适用法律问题的解释》

（法释［2004］14号）强调签证是作为一种证据；《建设工程价款结算暂行办法》（财建［2004］369号）对签证的时间做出了具体的规定。所以当实际施工过程中发生现场签证事项时应参照各合同文件予以有效解决。

（1）现场签证是双方协商一致的结果，是双方法律行为

现场签证是合同双方就合同履行过程中的变更及实际施工活动的变动引起的权利义务关系变化重新予以确认并达成一致意见的结果，是建设工程施工合同中出现的新的补充合同，是整个建设工程施工合同的组成部分。

（2）现场签证涉及的利益已经确定，可直接作为工程结算的凭据，具有可执行性

就现场签证在索赔程序中等同于已经审批的详细索赔报告的实质而言，在工程结算时，凡已获得双方确认的签证，均可直接在工程形象进度结算或工程最终造价结算中作为计算工程量及工程价款的依据，具有直接的可执行性。若对此提起诉讼，不属于确认之诉，而是返还之诉。

（3）现场签证是工程施工过程中的例行工作，一般不依赖于证据

工程施工过程中往往会因出现不同于原设计、原计划安排的变化而对原合同进行相应的调整，是项目经理施工管理中的例行工作。由于现场签证是合同双方就工期、费用等意思表示一致而达成的补充协议，是施工合同履行结果和变化确认的事实，它与施工合同的履行结果和变化具有客观性、关联性和合法性，诉讼中只要现场签证经双方签字，手续齐全，一般都被人民法院直接认定，并作为工程款支付的依据，不需要证据来证明。

4.1.2 常见项目

《建设工程工程量清单计价规范》（GB 50500—2013）第 9.14.1 条规定：承包人应发包人要求完成合同以外的零星项目、非承包人责任事件等工作的，发包人应及时以书面形式向承包人发出指令，提供所需的相关资料；承包人在收到指令后，应及时向发包人提出现场签证要求。

第 9.14.6 规定：承包人在施工过程中，当发现合同工程内容因场地条件、地质水文、发包人要求等不一致时，应提供所需的相关资料，并提交发包人签证认可，作为合同价款调整的依据。

从以上条款可分析知，现场签证项目可分为三大类：第一类，完成合同以外的零星项目；第二类，非承包人责任事件；第三类，合同工程内容因场地条件、地质水文、发包人要求不一致的项目。

第一类完成合同以外的零星项目，包括零星用工、修复工程、技改项目及二次装饰工程。具体如图 4-1 所示：

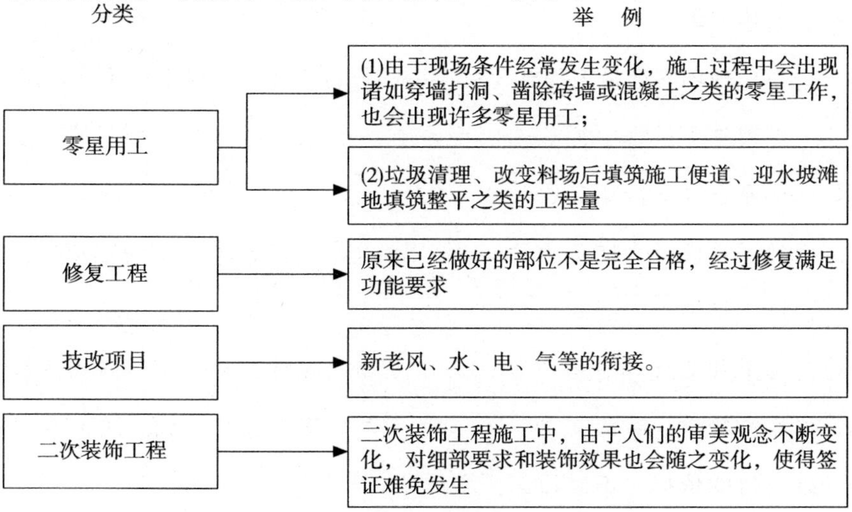

图 4-1 合同以外的零星项目分类

第二类非承包人责任事件，包括停水停电停工超过规定时间范围的损失，窝工、机械租赁、材料租赁等的损失，业主资金不到位致使长时间停工的损失。具体如图 4-2 所示：

分类	举例
停水停电停工超过规定时间范围的损失	停电造成现场的塔吊等机械不能正常运转，工人停工、机械停滞、周转材料停滞而增加租赁费、工期拖延等损失
窝工、机械租赁、材料租赁等的损失	施工过程中由于图纸及有关技术资料交付时间延期，而现场劳动力无法调剂施工造成乙方窝工损失，应向甲方办理签证手续
业主资金不到位致使长时间停工的损失	由于甲方资金不到位，中途长时间停工，造成大型机械长期闲置的损失可以办理签证

图 4-2　非承包人责任事件分类

第三类合同工程内容因场地条件、地质水文、发包人要求不一致的项目，包括场地条件与合同工程内容不一致、地质水文与合同工程内容不一致及发包人要求改变原合同工程内容。具体如图 4-3 所示：

分类	举例
场地条件	开挖基础后，发现有地下管道、电缆、古墓等。这些属于不可预见因素，可根据实际发生的费用项目，经甲乙双方签字认可办理手续
地质水文	由于地质资料不详或甲方在开工前没有提供地质资料，或虽然提供了但和实际情况不相符，造成基础土方开挖时的措施费用增加，可就此办理签证
发包人要求	业主单位为方便管理、协调环境等在施工阶段提出的设计修改和各种变更而导致的施工现场签证

图 4-3　改变原合同工作内容分类

另外，对于现场签证范围有模糊认识，对一些不应属签证范围项目在实际工程中也办理了签证。

（1）许多现场签证人员仅懂施工技术，对定额和取费程序不熟悉，有的内容已经包括在定额工作内容中或者已经包含在投标报价中。

①定额其他直接费中所包括的材料检验试验、材料场内的二次搬运、竣工场地清理等不应办理现场签证；再签证认可就重复计价了。

②人工挖沟槽、地坑的定额中已经包含坑底打夯，就不应该再签原土夯实；消耗量定额中的构筑物综合项，已经包括模板的制作安拆、钢筋的制作绑扎、混凝土的浇捣、养护以及搭拆脚手架等操作过程，这些再签证的话就造成重复了。

③材料二次搬运费为综合测定、包干使用的费用，除定额已说明允许计取场内运输的情况外，不论材料种类、运距多少，均不另行计取场内运输费；有的现场签证的施工内容已包含在定额内容之中，费用也已计算，则不可另外签证。

④在修缮定额中的钢筋混凝土工程定额中，已经包含钢筋用量，否则在结算的审计中应予调整、扣除。

⑤下雨天气导致工作面被水淹没，需要抽干水再进行施工，一周内累计抽水台班没有达到合同规定的数量时是属于定额措施费用里的，不能给予签证。类似的情况还有下雨导致停工，停电，淤泥的处理等等。

（2）对于所发生事件的数量、规格记录得不完整、日期不交待、内容描述模糊不清、模棱两可、前后矛盾。工程设计变更单中，变更的范围和内容表述不清，尺寸、标高和文字说明等表达不到位，图示不太规范。如：比如土方开挖，要注明挖土类别、开挖方式、开挖深度、平面尺寸，回填土或灰土是否是就地取土、土方外运时运土运距及运土方式等。

(3) 大多数签证由承包方拟稿，业主现场代表仅仅签上“同意”、“情况属实”等字，就算完成签证，更有甚者没有盖部门公章，没有附图与详细资料，无从核实工程数量的签证。

4.2 现场签证精细化管理程序

《建设工程工程量清单计价规范》(GB 50500—2013) 规定：承包人应发包人要求完成合同以外的零星项目、非承包人责任事件等工作的，发包人应及时以书面形式向承包人发出指令，提供所需的相关资料；承包人在收到指令后，应及时向发包人提出现场签证要求。承包人应在收到发包人指令后的 7 天内，向发包人提交现场签证报告，发包人应在收到现场签证报告后的 48 小时内对报告内容进行核实，予以确认或提出修改意见。发包人在收到承包人现场签证报告后的 48 小时内未确认也未提出修改意见的，视为承包人提交的现场签证报告已被发包人认可。如图 4-4 所示。

财政部、建设部 2004 年联合颁布的 369 号文《建设工程价款结算暂行办法》规定：发包人要求承包人完成合同以外零星项目，承包人应在接受发包人要求的 7 天内就用工数量和单价、机械台班数量和单价、使用材料和金额等向发包人提出施工签证，发包人签证后施工。如发包人未签证，承包人施工后发生争议的，责任由承包人自负。

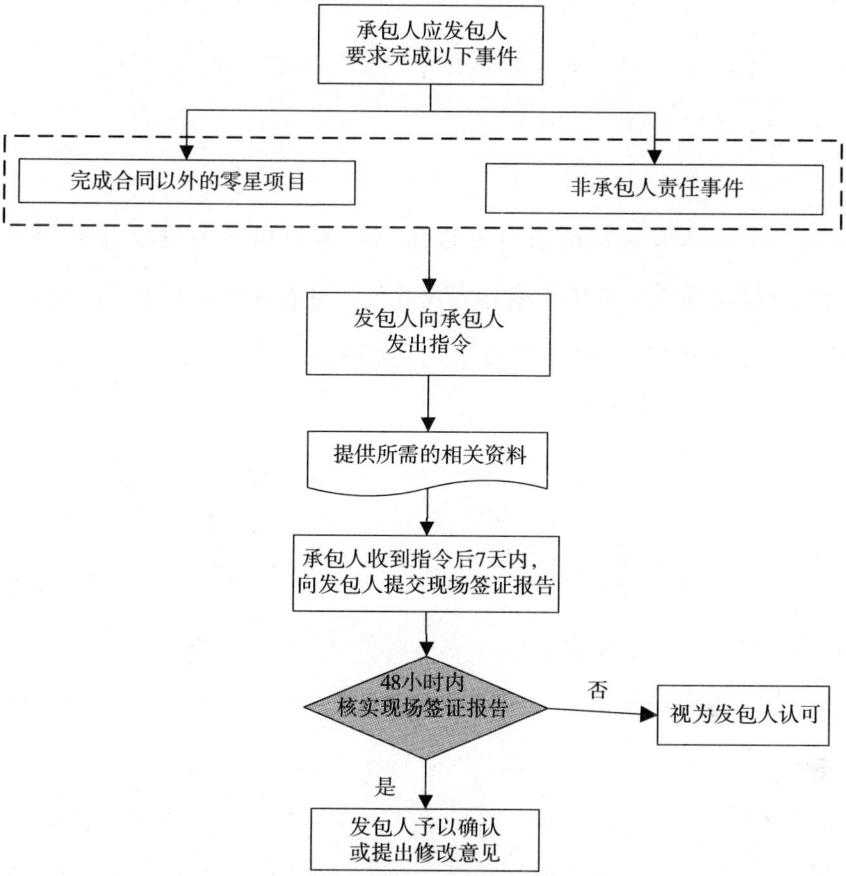

图 4-4　现场签证程序

综上可知，《建设工程价款结算暂行办法》在承包人向发包人提出签证的签证时间与《建设工程工程量清单计价规范》（GB 50500—2013）相同，但是并没有规定发包人应在收到现场签证报告后对报告内容进行核实的具体时间。所以，当实际施工过程中发生现场签证事项时宜参照《建设工程工程量清单计价规范》（GB 50500—2013）的程序加以解决。

4.3 现场签证精细化管理措施

现场签证涉及工程技术、工程隐蔽、工程经济、工程进度等方面内容，无论哪一方面都会直接或间接地发生现场签证价款，影响工程造价。现场签证的主要内容如表4-2所示。

表4-2 现场签证主要内容

签证方面	具体内容
工程技术方面	1）施工条件的变化或非承包人原因所引起的工程量变化； 2）工程材料替换或代用等； 3）更改施工措施和技术方案导致工作面过于狭小、作业超过一定高度，采取为保证工程的顺利进行所采取的必要措施； 4）合同约定范围外的，承包人对发包人供应的设备、材料进行运输、拆装、检验、修复、增加配件等； 5）发包人借用承包人的工人进行与工程无关的工作； 6）施工前障碍物的拆除与迁移、迁移及跨越障碍物施工
隐蔽工程方面	1）监理人就某种原因未能按时到位，随后要求的剥离检查； 2）在某工序被下一道工序覆盖前的检验，如基础土石方工程、钢筋绑扎工程
工程经济方面	1）非承包人原因导致的停工、窝工、返工等任何经济损失； 2）合同价格所包含工作内容以外的项目； 3）没有正规的施工图纸的建设项目，例如大检修工程、零星维修项目，由承包人提出一套技术方案，经审批完毕后进行实施；实施完毕后办理现场签证，依据现场签证办理竣工结算； 4）合同中约定的可调材差的材料价格
工程进度方面	1）设计变更造成的工期拖延； 2）非承包人原因造成分部分项工程拆除或返工； 3）非施工单位原因停工造成的工期拖延
其他方面	1）不可预见因素，包括不可预见的地质变化、文物、古迹等； 2）不可抗力因素

1. 有计日工单价

《建设工程工程量清单计价规范》（GB 50500—2013）第 9.14.3 条规定：现场签证的工作如已有相应的计日工单价，则现场签证中应列明完成该类项目所需的人工、材料、工程设备和施工机械台班的数量。

1）计日工计价

《建设工程工程量清单计价规范》（GB 50500—2013）将计日工定义为在施工过程中，承包人完成发包人提出的工程合同范围以外的零星项目或工作，按合同中约定的单价计价的一种方式。

计日工格式图如表 4-3 所示。

表 4-3　　　　　　　　　　　计日工表

工程名称：　　　　　　　　　　　标段：　　　　　　　第　页　共　页

编号	项目名称	单位	暂定数量	综合单价	合价
一	人工				
1					
2					
3					
人工小计					
二	材料				
1					
2					
3					
材料小计					

续表

编号	项目名称	单位	暂定数量	综合单价	合价
三	施工机械				
1					
2					
施工机械小计					
总计					

注：此表项目名称、暂定数量由招标人填写，编制招标控制价时，单价由招标人按有关规定确定；投标时，单价由投标人自主报价，按暂定数量计算合价计入投标总价中；结算时，按发承包双方确认的实际数量计算合价。

2）计日工中综合单价的确定

对计日工中的人工单价和施工机械台班单价应按省级、行业建设主管部门或其授权的工程造价管理机构公布的单价计算；材料应按工程造价管理机构发布的工程造价信息中的材料单价计算，工程造价信息未发布材料单价的材料，其价格应按市场调查确定的单价计算。具体计日工人工综合单价、计日工材料综合单价及计日工施工机械综合单价计算如下：

1）计日工人工综合单价

①在计算应付给承包人的计日工工资时，工时应从工人到达施工现场，并开始从事指定的工作算起，到返回原出发地点为止，扣去用餐和休息的时间。只有直接从事指定的工作，且能胜任该工作的工人才能计工，随同工人一起做工的班长应计算在内，但不包括领工（工长）和其他质检管理人员。

②承包人可以得到用于计日工人工的全部工时的支付，此支付

按承包人填报的“计日工劳务单价表”所列单价计算，该单价应包括基本单价及承包人的管理费、税费、利润等所有附加费，说明如下：

a. 劳务基本单价包括：承包人劳务的全部直接费用，如：工资、加班费、津贴、福利费及劳动保护费等。

b. 承包人的利润、管理、质检、保险、税费；易耗品的使用，水电及照明费，工作台、脚手架、临时设施费，手动机具与工具的使用及维修，以及上述各项伴随而来的费用。

（2）计日工材料综合单价

承包人可以得到计日工使用的材料费用的支付，此费用按承包人“计日工材料单价表”中所填列的单价计算，该单价应包括基本单价及承包人的管理费、税费、利润等所有附加费，说明如下：

①材料基本单价按供货价加运杂费（到达承包人现场仓库）、保险费、仓库管理费以及运输损耗等计算；

②承包人的利润、管理、质检、保险、税费及其他附加费；

③从现场运至使用地点的人工费和施工机械使用费不包括在上述基本单价内。

（3）计日工施工机械综合单价

①承包人可以得到用于计日工作业的施工机械费用的支付，该费用按承包人填报的“计日工施工机械单价表”中的租价计算。该租价应包括施工机械的折旧、利息、维修、保养、零配件、油燃料、保险和其他消耗品的费用以及全部有关使用这些机械的管理费、税费、利润和司机与助手的劳务费等费用。

②在计日工作业中，承包人计算所用的施工机械费用时，应按

实际工作小时支付。除非经监理人的同意，计算的工作小时才能将施工机械才从现场某处运到监理人指令的计日工作业的另一现场往返运送时间包括在内。

2. 无计日工单价

《建设工程工程量清单计价规范》(GB 50500—2013) 第9.14.3条规定，对现场签证费用的计算规定如下：如现场签证的工作没有相应的计日工单价，应在现场签证报告中列明完成该签证工作所需的人工、材料设备和施工机械台班的数量及其单价。此时的计日工单价的确定如下：

1) 人工综合单价的确定

对于无计日工单价的现场签证项目中的人工费，其单价核定通常比合同单价偏高，监理工程师可视具体工种及情况而定。

2) 材料综合单价的确定

对于无计日工单价的现场签证项目中的材料费用，应按承包商采购此种材料的实际费用加上合同中规定的其他计费费率进行计量支付，该费用包括了材料费和运输费、装卸费、管理费、正常损耗及利润等，监理工程师可根据供货商和运货商的发票作为实际费用的支付依据。

3) 施工机械综合单价的确定

对于无计日工单价的现场签证项目中的机械设备，可参照相关概（预）算定额中有关机械设备的台班定额，根据工程量大小，通过计算确定。

对现场签证的约定和处理，更多的是惯例的约束，如果合同中有明确的约定则按约定处理，如无约定则按相关法律法规规定处理。

现场签证在法律层面上是一种补充协议，对甲乙双方的均有法律约束力。

现场签证是双方协商一致的结果，是双方的法律行为。现场签证的法律后果是基于双方意思表示的内容而发生。现场签证涉及的利益已经确定或者在履行后确定，可直接或者与签证对应的履行资料一起作为工程进度款支付与工程结算的凭证。其构成要件是：

①签证主体必须为乙方与甲方当事人，只有一方当事人签字不是签证，签证是一种互证。

②双方当事人必须对行使签证权利的人员进行必要的授权，缺乏授权的人员签署的签证单往往不能发生签证的效力。

③签证的内容必须涉及工期顺延和（或）费用的变化和（或）从技术的角度陈述某一项目的实际施工情况等内容。

④签证双方必须就涉及工期顺延和（或）费用的变化和（或）从技术的角度陈述某一项目的实际施工情况等内容协商一致，通常表述为双方一致同意、甲方同意、甲方批准等等。

第5章 价款调整精细化管理

5.1 价款调整精细化管理依据

5.1.1 概念界定

关于合同价款的概念，相关法律法规及各类合同范本的约定尚未达成统一，众学者对此也莫衷一是，甚至出现“合同价”、“合同价格”、“合同价款”、“工程款”及“工程价款”混用等现象。为了更好地对合同价款概念进行界定，本书首先从合同签约前至交易完成阶段理清合同价格与合同价款的界面（如图5-1所示），并从债的法律视角对合同价款予以解释。

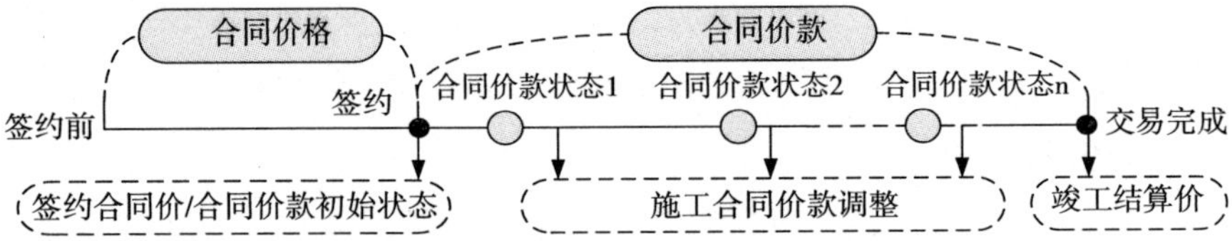

图5-1 合同价款与合同价格的界面示意图

从图5-1中可以看出，合同价款以签约合同价为起始点，以竣工结算价为终点，包括实施过程中的价款调整。合同价款体现一种动态的概念，表明发承包双方对于项目建设的费用已经予以确认但还未完成支付的价款，其实质是承包商在特定的环境中应得到的业主履行其义务而进行的支付。合同一经签订，合同价款即形成一种特定的“合同状态”。影响合同状态的风险因素一旦发生，合同价款状态就会发生变化，此时需要对合同价款作出调整以达到新的合同价款状态。根据上述界面的划分，本书将竣工结算价作为合同价款初始状态与调整部分的合同价款的加和，即工程竣工结算价＝合同价款初始状态＋调整部分的合同价款，合同价款与竣工结算价的关系如图 5-2 所示。

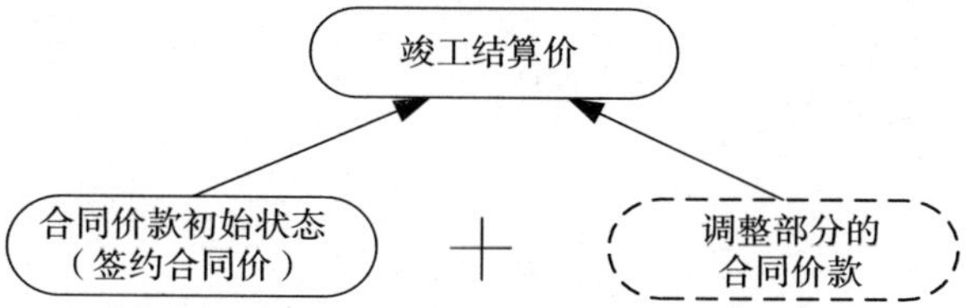

图 5-2　合同价款与竣工结算价的关系图

其次，从债的法律角度来看，在建设工程中，发承包当事人因产生合同法律关系，从而产生了特定的权利与义务关系，即设立了债的关系。既然合同之债发生在发承包双方之间，而合同的义务主要是完成施工任务与支付工程价款，因此，对于支付工程价款，承包商是债权人，业主是债务人，合同及其法律则成为债权人实现其特定利益的依据。

在建设工程实际中，由于支付程序未履行完整，或支付申请存在瑕疵，或者尚有对价关系，或者业主无力即时支付等行为，构成一种法律事实，这种法律事实引起业主与承包商之间存在特定的请求权利与给付义务的法律关系，即形成合同价款。

综合上述，本书将合同价款界定为以签约合同价为起点，竣工结算价为终点，是发承包双方对于项目建设的费用已经予以确认应支付但还未完成支付的价款，表明一种债的状态，即合同之债。它以特定的给付为标的，以最终支付作为产生的法律效果，一旦完成支付，则形成工程价款。因此，发承包双方均应尽快使合同价款予以支付而形成工程价款这种稳定状态。合同价款的法律属性如图 5-3 所示。

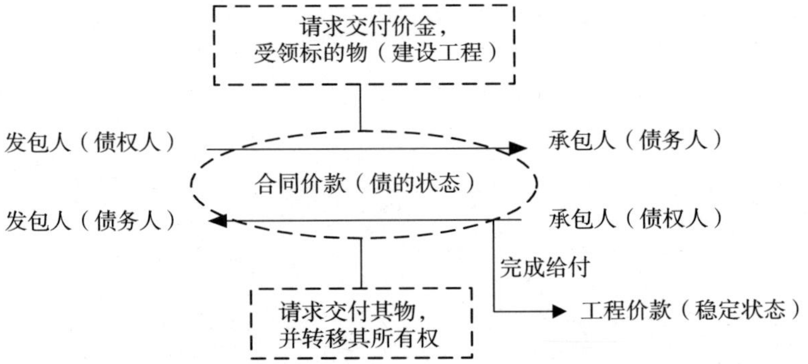

图 5-3　合同价款的法律属性示意图

当发承包双方在签订合同时，双方会在施工合同中约定业主应支付给承包商的价款金额数量和支付方法，即约定的合同价款初始状态。在项目建设过程中若未发生任何一个风险因素，业主则按照初始的结算状态进行结算，确定合同价款的数额。但项目履约过程中，由于建设工程的周期长、受自然条件和客观因素的影响大，外在因素（如环境、政策因素）或内在因素（如双方履约能力、变更、调价等事项）的出现，将会导致工程建设实际情况与发承包双方之间约定存在的状态产生不同，从而打破原有的平衡，使约定的初始价款状态发生变化。此时需要在原有初始价款的基础上对合同价款进行调整，形成新的合同价款。

基于此，本书将合同价款调整界定为在合同签订以后，由于外在因素（如政策、市场环境）和内在因素（如工程变更、现场签证等）的影响，导致发承包双方约定的合同价款状态（即债的状态）发生变化，借助于在原有初始状态的基础上，通过合理的路径以增加或减少各参与主体对合同价款的责任分配，从而调整初始状态，重新达到一种新的平衡。

5.1.2 影响因素

目前，常用的合同范本及相关法律、法规均对引起合同价款调整的因素做出相应规定。现阶段，我国建筑业常用的合同范本主要有 99 版《建设工程施工合同范本》、99 版《FIDIC 施工合同条件》（新红皮书）及《标准施工招标文件》（发改委［2007］第 56 号）。因此，本书以上述三类合同范本为例，而相关法律、法规则以 13 版《清单计价规范》和《建设工程价款结算暂行办法》（369 号文）为例，分别探讨引起合同价款的调整因素的相关规定。

1. 常用合同范本的规定

合同价款的调整是工程实施过程中一项重要的工作。当发承包双方进行合同价款调整时，首先需要依据双方签订的合同，即遵循合同优先原则。当合同中有明确的条款约定时，以合同约定为准；当合同中无明确的条款约定时，发承包双方则可通过协商按照国家的相关法律法规进行处理。因此，对于常用合同范本中相关合同价款调整的约定及处理原则进行深入分析很有必要，本书从风险分担的视角对三类合同范本中合同价款调整的条款进行分析，具体如表 5-1 所示。

表 5-1　　常用合同范本对合同价款调整因素的相关规定

序号	法规名称	合同范本	具体条款	风险分担情况	
				发包人	承包人
1	法律、法规变化的风险	99版《建设工程施工合同范本》	23.3（1）法律、行政法规和国家有关政策变化影响合同价款	承担全部风险	
		07版《标准施工招标文件》	16.2 在基准日后，因法律变化导致承包人在合同履行中所需要的工程费用发生除第16.1款约定以外的增减时，监理人应根据法律、国家或省、自治区、直辖市有关部门的规定，按第3.5款商定或确定需调整的合同价款	承担基准日后法律、法规变化的风险（基准日指投标截止时间前28天的日期）	承担基准日前法律、法规变化的风险（基准日指投标截止时间前28天的日期）
		99版FIDIC《施工合同条件》	13.7 如果在基准日期以后，能够影响承包商履行其合同义务的工程所在国的法律（包括新法律的实施以及现有法律的废止或修改）或对此法律的司法的或官方政府的解释的变更导致费用的增减，则合同价格应作出相应调整	承担基准日后法律、法规变化的风险（基准日期指提交投标文件截止日前28天的当日）	承担基准日前法律、法规变化的风险（基准日期指提交投标文件截止日前28天的当日）
2	物价波动的风险	99版《建设工程施工合同范本》	23.3（2）工程造价管理部门公布的价格调整	承担全部风险	
		07版《标准施工招标文件》	16.1 除专用合同条款另有约定外，因物价波动引起的价格调整按照本款约定处理。 16.1.1 采用价格指数调整价格差额		

续表

序号	法规名称	合同范本	具体条款	风险分担情况	
				发包人	承包人
2	物价波动的风险	16.1.2 采用造价信息调整价格差额	承担合同约定范围外的价格调整		承担合同约定范围外的价格调整
		99 版 FIDIC《施工合同条件》	13.8 费用变化引起的调整	当合同中有“数据调整表”且其中规定适用该条款时，则发包人承担全部风险	当合同中规定不适用该条款时，承包人承担该项风险
3	暂停施工风险	99 版《建设工程施工合同范本》	23.3（3）一周内非承包人原因停水、停电、停气造成停工累计超过 8 小时	承担自身原因和外界因素引起的停工风险	承担自身引起的停工风险
		07 版《标准施工招标文件》	12. 暂停施工 12.1 承包人暂停施工的责任 12.2 发包人暂停施工的责任 12.3 监理人暂停施工指示 12.4 暂停施工后的复工 12.5 暂停施工持续 56 天以上	由于发包人原因引起的暂停施工造成工期延误的，承包人有权要求发包人延长工期和（或）增加费用，并支付合理利润。	（1）承包人违约引起的暂停施工；（2）由于承包人原因为工程合理施工和安全保障所必需的暂停施工；（3）承包人擅自暂停施工；（4）承包人其他原因引起的暂停施工；（5）专用合同条款约定由承包人承担的其他暂停施工

续表

序号	法规名称	合同范本	具体条款	风险分担情况	
				发包人	承包人
3	暂停施工风险	99版FIDIC《施工合同条件》	8.8 工程暂停； 8.9 暂停引起的后果； 8.10 暂停时对永久设备和材料的支付	如果承包商遵守工程师的工程暂停通知，由此导致的费用和延误可向业主方要求补偿并加入合同价格中	如果暂停施工是由承包商错误的设计、工艺或材料引起的，或由于承包商未能按第8.8款“工程暂停”的规定采取保护、保管及保障措施引起的，则不可调整价款

通过上述三类合同范本可以看出，07版《标准施工招标文件》和99版FIDIC《施工合同条件》均从物价波动、法律变化两方面对引起的合同价格调整予以规定，99版《建设工程施工合同范本》明确可调价格合同中合同价款调整因素除包含法律、行政法规及国家政策变化、物价波动因素外，还包括非承包人原因停工方面的因素。发承包双方在合同中普遍约定的合同价款调整因素为：法律法规变化、物价波动和暂停施工风险三方面。

2. 相关规章规范中的规定

针对合同价款的调整因素，国家的相关规章规范也做出了具体的规定。在实际工作中，法律法规作为合同文件的补充，当发承包双方未在合同中约定具体的合同价款调整因素或详细的价款调整方法时，可通过协商的方式依照法律法规合同对价款调整的原则进行调整。13 版《建设工程工程量清单计价规范》和《建设工程价款结算暂行办法》对合同价款调整的具体规定如表 5-2 所示。

表 5-2　　规章规范中有关合同价款调整的规定

序号	风险种类	法规名称	具体条款	分担情况	
				发包人	承包人
1	法律、法规变化的风险	13 版《清单计价规范》	9.2.1 招标工程以投标截止日前 28 天，非招标工程以合同签订前 28 天为基准日，其后因国家的法律、法规、规章和政策发生变化引起工程造价增减变化的，发承包双方应当按照省级或行业建设主管部门或其授权的工程造价管理机构据此发布的规定调整合同价款	承担基准日期之后法律法规变化的风险	承担基准日期之前法律法规变化的风险
		《建设工程价款结算暂行办法》	第八条（三）1. 法律、行政法规和国家有关政策变化影响合同价款	承担风险	
2	工程变更的风险	13 版《清单计价规范》	9.3.1 因工程变更引起已标价工程量清单项目或其工程数量发生变化，应按照工程变更引起的已标价工程量清单项目的价款调整的具体规定调整	承担风险	
			9.3.2 工程变更引起施工方案改变，并使措施项目发生变化的，承包人提出调整措施项目费的，应事先将拟实施的方案提交发包人确认，并详细说明与原方案措施项目相比的变化情况。拟实施的方案经发承包双方确认后执行。并应按照工程变更引起的措施项目的价款调整的具体规定调整措施项目费		

续表

序号	风险种类	法规名称	具体条款	分担情况	
				发包人	承包人
2	工程变更的风险	13版《清单计价规范》	9.3.3 如果发包人提出的工程变更，因非承包人原因删减了合同中的某项原定工作或工程，致使承包人发生的费用或（和）得到的收益不能被包括在其他已支付或应支付的项目中，也未被包含在任何替代的工作或工程时，则承包人有权提出并得到合理的费用及利润补偿	承担风险	
		《建设工程价款结算暂行办法》	第八条（三）3. 经批准的设计变更； 4. 发包人更改经审定批准的施工组织设计（修改错误除外）造成费用增加； 第十条 工程设计变更价款调整	按照合同约定承担部分的风险	按照合同约定承担部分的风险
3	物价变化	13版《清单计价规范》	9.8.1 合同履行期间，因人工、材料、工程设备、机械台班价格波动影响合同价款时。应根据合同约定的本规范附录A的方法之一调整合同价款； 9.8.2 承包人采购材料和工程设备的，应在合同中约定主要材料、工程设备价格变化的范围或幅度，当没有约定，则材料、工程设备单价变化超过5%时，超过部分的价格应按照价格指数调整法或造价信息差额调整法（具体方法见附录A）计算调整材料、工程设备费	承担全部的人工单价变化风险和超过合同约定幅度的材料、设备价格变化风险	承担未超过合同约定幅度的材料、设备价格变化风险

续表

序号	风险种类	法规名称	具体条款	分担情况	
				发包人	承包人
3	物价变化	《建设工程价款结算暂行办法》	第八条（三）2 工程造价管理机构的价格调整	按照合同约定承担部分的风险	按照合同约定承担部分的风险
4	工程量变化的风险	13 版清单计价规范	9.6.1 合同履行期间，当应予计算的实际工程量与招标工程量清单出现偏差，且符合本规范第 9.6.2、9.6.3 条规定的，发承包双方应调整合同价款； 9.6.2 对于任一招标工程量清单项目，如果因本条规定的工程量偏差和第 9.3 节规定的工程变更等原因导致工程量偏差超过 15%，调整的原则为：当工程量增加 15%以上时，其增加部分的工程量的综合单价应予调低；当工程量减少 15%以上时，减少后剩余部分的工程量的综合单价应予调高	承担风险	
5	不可抗力风险	13 版《清单计价规范》	9.10.1 因不可抗力事件导致的人员伤亡、财产损失及其费用增加，发承包双方应按不可抗力的风险分担的具体原则分别承担并调整合同价款和工期	发包人自身的损失、工程损失	承包人自身的损失
6	项目特征描述不符	13 版《清单计价规范》	9.4.1 发包人在招标工程量清单中对项目特征的描述，应被认为是准确的和全面的，并且与实际施工要求相符合。承包人应按照发包人提供的招标工		

续表

序号	风险种类	法规名称	具体条款	分担情况	
				发包人	承包人
6	项目特征描述不符	13版《清单计价规范》	程量清单，根据其项目特征描述的内容及有关要求实施合同工程，直到其被改变为止； 9.4.2 承包人应按照发包人提供的设计图纸实施合同工程，若在合同履行期间，出现设计图纸（含设计变更）与招标工程量清单任一项目的特征描述不符，且该变化引起该项目的工程造价增减变化的，应按照实际施工的项目特征按本规范第9.3节相关条款的规定重新确定相应工程量清单项目的综合单价，调整合同价款	承担风险	
7	工程量清单缺项	13版《清单计价规范》	9.5.1 合同履行期间，由于招标工程量清单中缺项，新增分部分项工程清单项目的，应按照本规范第9.3.1条规定确定单价，调整合同价款； 9.5.2 按本规范第9.5.1条规定，新增分部分项工程清单项目后，引起措施项目发生变化的，应按照本规范第9.3.2条的规定，在承包人提交的实施方案被发包人批准后，调整合同价款	承担风险	

续表

序号	风险种类	法规名称	具体条款	分担情况	
				发包人	承包人
8	现场签证	13 版《清单计价规范》	9.14.3 现场签证的工作如已有相应的计日工单价，则现场签证中应列明完成该类项目所需的人工、材料、工程设备和施工机械台班的数量。如现场签证的工作没有相应的计日工单价，应在现场签证报告中列明完成该签证工作所需的人工、材料设备和施工机械台班的数量及其单价	承担风险	承担擅自施工的风险
9	提前竣工（赶工补偿）	13 版《清单计价规范》	9.11.2 发包人要求合同工程提前竣工，应征得承包人同意后与承包人商定采取加快工程进度的措施，并应修订合同工程进度计划。发包人应承担承包人由此增加的提前竣工（赶工补偿）费用	承担风险	
10	误期赔偿	13 版《清单计价规范》	9.12.1 合同工程发生误期，承包人应赔偿发包人由此造成的损失，并按照合同约定向发包人支付误期赔偿费。即使承包人支付误期赔偿费，也不能免除承包人按照合同约定应承担的任何责任和应履行的任何义务		承担风险
11	索赔	13 版《清单计价规范》	9.13.1—9.13.9 对索赔事项进行了约定	责任方承担风险	

由上表对比可以看出，13 版《清单计价规范》对于引起合同价款调整的具体因素的规定较详细，主要包括法律法规变化、物价变化、工程设计变更、施工图纸与工程量清单项目描述不符、工程量清单缺项、工程量偏差、现场签证、不可抗力、提前竣工（赶工补偿）、误期赔偿、索赔及合同约定的其他调整内容，而其中，施工图纸与工程量清单项目特征不符、工程变更、工程量清单缺项这三项内容在引起价款调整的本质原因上是相同的，可以归纳为变更类风险因素。此外，13 版《清单计价规范》中对影响合同价款调整的因素界定除包含上述风险因素以外，还将计日工、暂估价、暂列金额等内容列入合同价款调整的因素。基于此，本书将参照 13 版《清单计价规范》，对引起合同价款调整的 14 项因素内容进行一一介绍，即法律法规变化、工程变更、项目特征描述不符、工程量清单缺项、工程量偏差、计日工、现场签证、物价变化、暂估价、不可抗力、提前竣工（赶工补偿）、误期赔偿、索赔及暂列金额。

5.2 价款调整精细化管理程序

5.2.1 体系构成

合同价款调整的前提是明确合同价款体系的具体构成，工程项目发承包双方在签订合同时约定初始合同价格，由于工程本身的特性因素及外部因素环境影响的不确定性，导致签订合同的初始状态与基础条件可能伴随着某一个影响因素的发生而产生变化，即合同价款具有动态变化性，但施工合同价款的调整仅仅体现在一种状态的改变，其构成内容却未发生改变，反映的是已经结算但却未完成支付的合同价款。本书指代的施工合同价款构成体系集中体现在一种相对静止状态的施工合同价格构成。

工程量清单计价模式下，工程项目施工合同价款是指业主应该支付但还未支付给承包商的建设工程造价费用，其合同价款的构成与合同价格构成一致，即合同价款＝分部分项工程费＋措施项目费＋其他项目费＋规费＋税金。工程项目施工合同价款构成如图 5-4 所示。

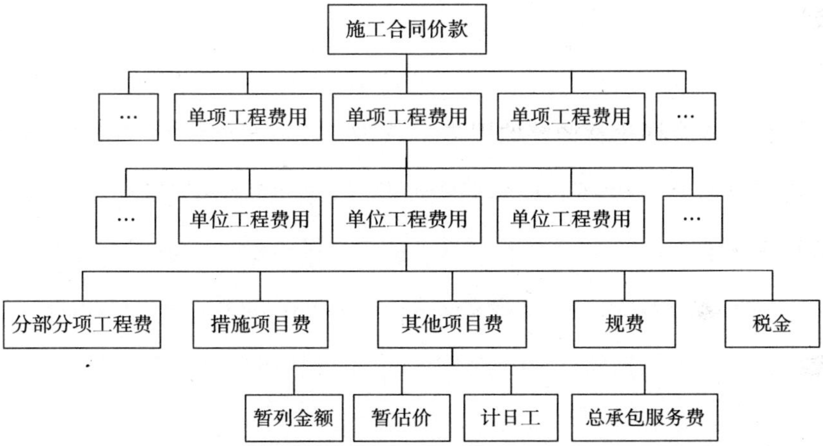

图 5-4　工程项目施工合同价款的构成

其中，

项目施工合同价款＝∑单项工程费用；

单项工程费用＝∑单位工程费用；

单位工程费用＝∑分部分项工程费＋措施项目费＋其他项目费＋规费＋税金；

分部分项工程费＝∑(分部分项工程量×相应分部分项综合单价)；

措施项目费＝∑(措施项目费×措施项目综合单价)＋

∑单项措施费；

其他项目费＝暂列金额＋暂估价＋计日工＋总承包费；

此外，规费由工程排污费、工程定额测定费、社会保障费、住房公积金、危险作业意外伤害保险费构成，税金包括营业税、城市维护建设税、教育费附加。

综上可见，研究工程项目施工合同价款体系的构成，为后续进一步对施工合同价款的解构奠定基础。

5.2.2 调整对象

由于本书以工程量清单计价模式为基础，而国内工程量清单计价模式采用不完全综合单价的计价方式，故在进行工程量清单计价时，综合单价包括除规费和税金以外的全部费用，即包括一个规定计量单位的分部分项工程量清单项目或措施清单项目所需的人工费、材料费、施工机械使用费、企业管理费与利润，还包括一定范围内的风险费用。

因此，为确定施工合同价款调整的对象，本书通过上述工程项目施工合同价款的构成，对其进行 WBS 分解。如图 5-5 所示。

从图 5-5 工程项目合同价款 WBS 解构的结果可以看出：

（1）分部分项工程费：以综合单价（人工费、材料费、机械费、管理费、利润）及工程量为调整对象；

（2）措施项目费：以量计量的措施项目费以综合单价、工程量为调整对象；以项计量的措施项目费以要素价格（即指代人工费、材料费、机械费的单项价格费用）及费率为调整对象；

（3）规费：以计算基数（要素价格构成）及费率为调整对象；

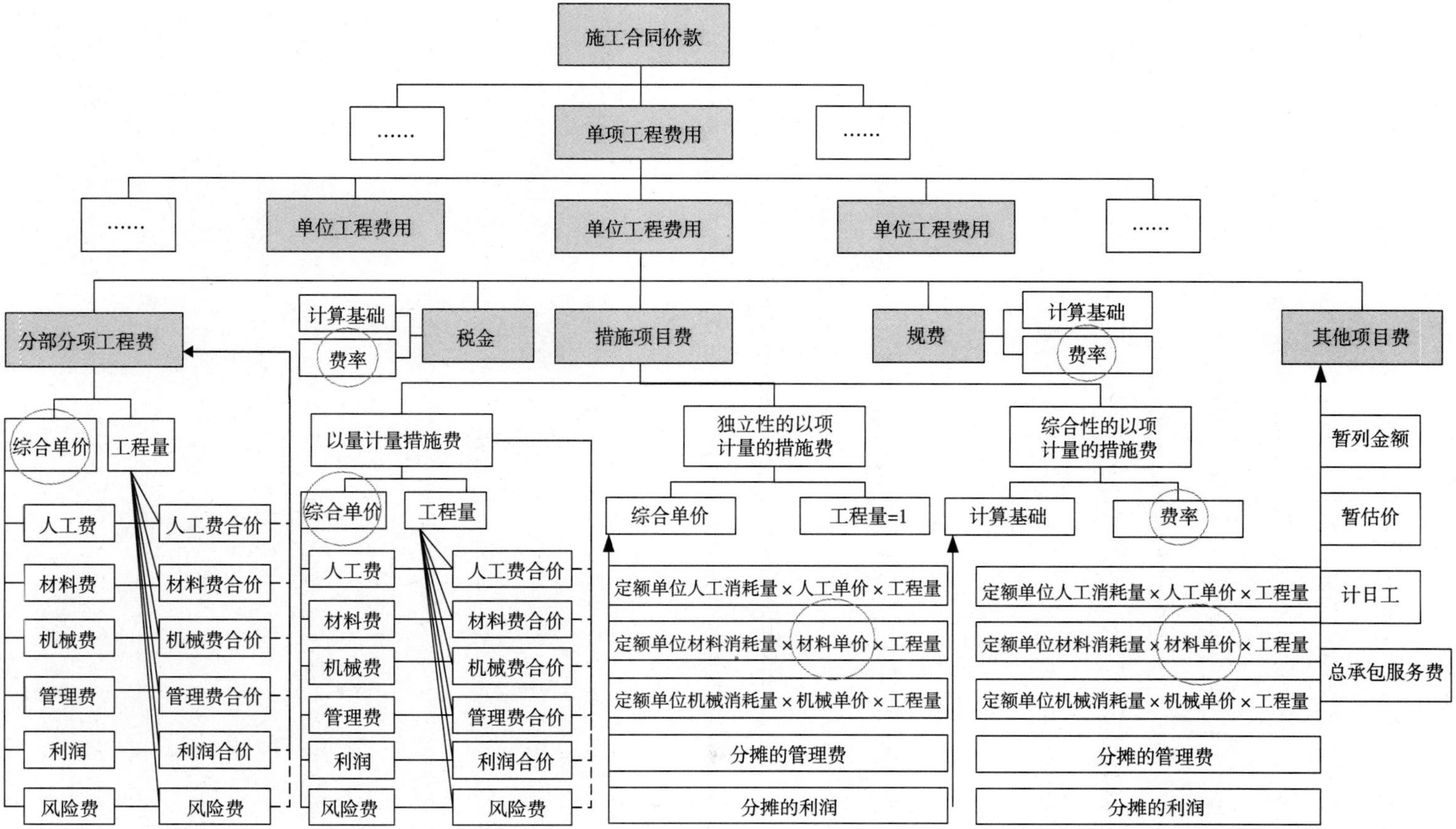

图 5-5 施工合同价款的解构

（4）税金：以计算基数（要素价格构成）及费率为调整对象；

（5）其他项目：①暂列金额，其用于施工合同签订时尚未确定或者不可预见的材料、设备、服务等金额，以要素价格为调整对象；②计日工，按照合同约定作为一种方式以综合单价为调整对象；③暂估价，用以支付必然发生的材料单价或专业工程金额，可以以要素价格为调整对象；④总承包服务费，对供应的材料、设备提供收发和保管服务以及在进行施工现场管理时发生并向总承包人支付的费用，以费率为调整对象。

综上可见，施工合同价款的调整对象为综合单价、要素价格、费率、工程量。工程实践中，由于不可预见或覆盖项目实施过程中的风险因素的发生，业主风险或责任招致的费用损失在很大程度上造成施工合同价款的调整，根据风险分担的原则，哪一方最有能力控制该风险，风险就应由哪一方承担，若双方均不能控制的风险，则由业主承担。因此，由于一些业主原因引起的风险招致承包商的费用损失时，业主应该调整合同价款予以补偿。因此，本书将业主风险或责任招致的费用损失列入施工合同价款的调整对象。此外，工程量清单计价模式下采用“量价分离”的计价模式，而工程量则作为发承包双方以实际完成的工程量予以计量。因此，本章仅从“价”的角度分析施工合同价款的调整对象。

基于此，本书将工程项目施工合同价款的调整对象界定为综合单价、要素价格、费率及费用损失，即影响施工合同价款调整包括基于综合单价的调整、基于要素价格的调整、基于费率的调整、基于费用损失的调整。其中，综合单价是指与工程量对应的单价，除包括对应的资源价格及利润外，还包括归责于承包商的风险；要素价格是指人工费、材料费、施工机械使用费的单项价格；费用损失是指由业主风险或责任而招致的费用损失；费率主要是指由于国家法律法规变化而影响的规费、管理费等费率。

5.2.3 影响关系

工程项目实施过程中，当任一影响合同价款调整的风险因素发生时，必然导致合同价款状态发生变化，此时，施工合同价款就需要作出调整以使合同价款状态趋于一种新的平衡状态，其实质体现在风险因素的发生对于施工合同价款的影响基数产生影响，从而导致施工合同价款的状态发生变化，这也意味着风险因素对于合同价款状态的作用改变了合同签订时的初始合同价款状态，双方的权利与义务需要作出调整。施工合同价款调整的影响机理如图 5-6 所示。

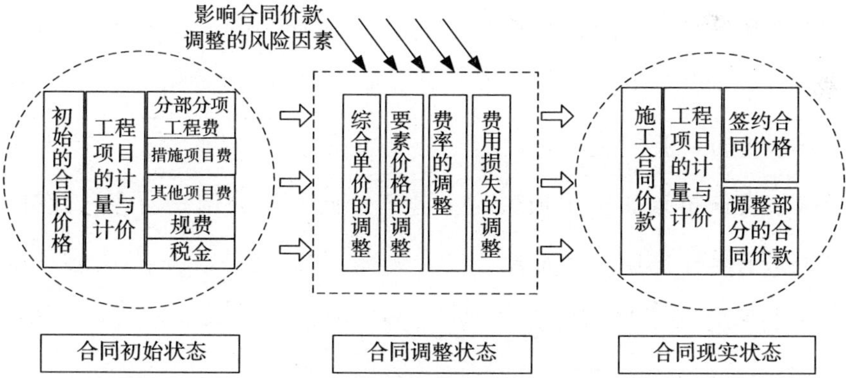

图 5-6 施工合同价款调整的影响机理示意图

然而，不同的风险因素对施工合同价款造成的影响不同，其实质体现在对施工合同价款基数的影响作用不同。基于此，本书从上述影响合同价款调整的 14 项风险因素入手，以《标准施工招标文件》和《建设工程工程量清单计价规范》作为研究理论依据，通过对相关风险因素涉及的合同条款进行详细分析，结合工程量清单模式下特有的相关规定，确定 14 项风险因素所影响的调整对象。具体如下：

（1）法律变化类风险：法律、法规变化风险导致费率及要素价格（人工费）的变化。

（2）物价波动类风险：物价波动风险导致要素价格的变化。

（3）变更类风险：工程变更、项目特征描述不符、工程量清单缺项、工程量偏差导致综合单价变化；

（4）索赔类风险：提前竣工（赶工补偿）、误期赔偿、索赔、不可抗力导致费用损失。

（5）其他类风险：计日工与现场签证作为一种方式对合同价款予以调整；暂估价与暂列金额的变化可直接列入合同价款的调整。

法律变化类、物价波动类、变更类风险及索赔类风险因素与施工合同价款的影响关系如图 5-7 所示。

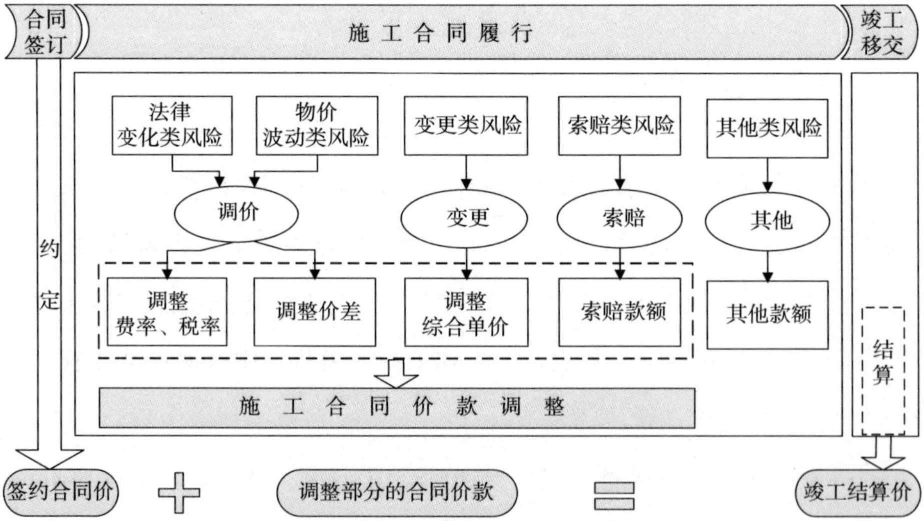

图 5-7 风险因素影响施工合同价款关系

5.3　价款调整精细化管理措施

5.3.1　法律法规变化

根据《建设工程工程量清单计价规范》（GB 50500—2013）的规定可知，法律法规变化主要包括：国家法律、法规、规章和政策的变化，省级或行业建设主管部门发布的人工费调整。合同价款调整的内容主要包括：规费、税金、人工费和措施费中的安全文明施工费。

发承包双方对工程施工阶段的风险宜采用如下风险分担原则：对于法律、法规、规章或有关政策出台导致工程税金、规费、人工费等发生变化，并由省级、行业建设行政主管部门或其授权的工程造价管理机构根据上述变化发布的政策性调整，承包人不应承担此类风险，应按照有关调整规定执行。

1. 规费费率的调整

《建设工程工程量清单计价规范》（GB 50500—2013）第 4.5.1 条规定：规费项目清单应按照下列内容列项：社会保险费：包括养老保险费、失业保险费、医疗保险费、工伤保险费、生育保险费；住房公积金；工程排污费。《建设工程工程量清单计价规范》（GB 50500—2013）第 4.5.2 规定，若出现未列的项目，应根据省级政府或省级有关部门的规定列项。

该部分费用在《建设工程工程量清单计价规范》（GB 50500—2013）第 3.1.6 款规定：应按国家或省级、行业建设主管部门的规定计算，不得作为竞争性费用。因此该费率的确定是根据国家主管部门颁布的法规，当新出台的法规规定对其调整时，发承包双方应按照相关的调整方法来进行合同价格的调整。

2. 税率的调整

《建设工程工程量清单计价规范》(GB 50500—2013) 第 4.6.1 条规定：税金项目清单应包括下列内容：营业税；城市维护建设税；教育费附加；地方教育附加。

该部分费用在《建设工程工程量清单计价规范》(GB 50500—2013) 第 3.1.6 款规定：应按国家或省级、行业建设主管部门的规定计算，不得作为竞争性费用。因此该费率的确定是根据国家主管部门颁布的法规，当新出台的法规规定对其调整时，发承包双方应按照相关的调整方法来进行合同价格的调整。

3. 安全文明施工费的调整

建筑工程安全防护、文明施工措施费用是由《建筑安装工程费用项目组成》中措施费所含的环境保护费、文明施工费、安全施工费、临时设施费组成。

根据《建设工程工程量清单计价规范》(GB 50500—2013) 第 10.2.1 的规定：安全文明施工费包括的内容和范围，应以国家现行计量规范以及工程所在地省级建设主管部门的规定为准。

由法律法规引起的安全文明施工费的变化，其合同价款调整的计算公式一般为原计价基数×新费率＝新总价。法律法规直接影响的是原工程报价中的费率等，计价基数一般不发生变化。

4. 人工费

构成人工费的基本要素有两个，即人工工日消耗量和人工日工资单价。

(1) 人工工日消耗量。是指在正常施工生产条件下，建筑安装产品（分部分项工程或结构构件）必需消耗的某种技术等级的人工工日数量。它由分项工程所综合的各个工序施工劳动定额包括的基本用工、其他用工两部分组成。

(2) 相应等级的人工日工资单价包括生产工人基本工资、工资性补贴、生产工人辅助工资、职工福利费及生产工人劳动保护费。

人工费的基本计算公式为：

人工费＝∑(工日消耗量×日工资单价)　　式5-1

5.3.2 工程变更

1. 工程变更项目分部分项工程费的确定

(1) 工程变更项目变更量的确定

《建设工程工程量清单计价规范》(GB 50500—2013) 将工程计量分为单价合同的计量和总价合同的计量。单价合同和采用工程量清单招标形式形成的总价合同的计量都是据实结算。

发包人采用经审定批准的施工图纸及其预算方式形成的总价合同，除发生工程变更导致的工程量的改变外，其他情况不改变工程价款。

(2) 工程变更项目综合单价的确定

①合同中已有适用的综合单价的情形

《建设工程工程量清单计价规范》(GB 50500—2013) 9.3.1条的“1.”规定：已标价工程量清单中有适用于变更工程项目的，应采用该项目的单价；但当工程变更导致该清单项目的工程量发生变化，且工程量偏差超过15%，该项目单价应按照本规范第9.6.2条

（工程量偏差的规定）的规定调整。

②合同中有类似综合单价的情形

《建设工程工程量清单计价规范》（GB 50500—2013）9.3.1条的“2.”规定：已标价工程量清单中没有适用于但有类似于变更工程项目的，可在合理范围内参照类似项目的单价。

当变更项目类似于合同中已有项目时，可以将合同中已有项目的工程量清单的综合单价拿来间接套用，即依据工程量清单，通过换算后采用；或者是部分套用，即依据工程量清单，取其综合单价中的某一部分使用。这里需要注意：对于“类似”的定义，目前并没有明确的规定。

③合同中无适用、无类似综合单价的情形

合同中已有的单价没有适用或类似于变更工程单价时，须经双方协商，然后确认价格。单价确定方法有：计日工定价法、实际组价法、定额组价法和数据库测算法。

2. 工程变更项目措施费的确定

《建设工程工程量清单计价规范》（GB 50500—2013）将措施费分为以下三类：安全文明施工费、按单价计算的措施费和按总价计算的措施费。

《房屋与装饰工程计量规范》中将按单价计算的措施分为：（1）脚手架费；（2）混凝土、混凝土模板及支架（撑）费；（3）垂直运输费；（4）超高施工增加费；（5）大型机械设备进出场及安拆费；（6）施工排水、降水费。

采用单价计算的措施费项目，发生工程变更时，按照分部分项工程发生工程变更时调整办法确定单价。

采用单价计算的措施费项目，发生工程变更时，按照实际金额乘以《建设工程工程量清单计价规范》（GB 50500—2013）对于分部分项工程发生工程变更时规定的承包人报价浮动率计算。

5.3.4 项目特征不符

如果在施工过程中，出现设计图纸与清单项目特征描述不符的，首先依据合同约定，如果合同约定对此不做调整或使用其他调整方法的，则应遵照合同约定；

如果合同未作约定，则应采取《建设工程工程量清单计价规范》（GB 50500—2013）中的调整原则，根据新的项目特征来调整综合单价，其中如果引起措施项目变化的，也应一并调整。

招投标过程中，当出现招标文件中分部分项工程量清单特征描述与设计图纸不符时，投标人应以分部分项工程量清单的项目特征描述为准，确定投标报价的综合单价。当施工中施工图纸或设计变更与工程量清单项目特征描述不一致时，发承包双方应按实际施工的项目特征，依据合同约定重新确定综合单价。

1. 工程量清单项目特征不符概述

若施工图纸表达出的工程内容在计价规范的附录中有相应的项目编码和项目名称，但工程量清单中并没有项目反映出来，则认定为工程量清单缺项；另一种情况，若施工图纸表达出来的工程内容在计价规范附录中没有反映出来，但应该由工程量清单编制者进行补充的清单项目，也属于工程量清单缺项。

2. 清单缺项导致新增清单项目引起价款调整

工程量清单缺项以及非承包人原因的工程变更，造成需要对新增工程量清单项目确定综合单价的，其情况分为三种：合同中已有适用综合单价、合同中有类似的综合单价、合同中没有适用或类似的综合单价。这三种方法已经在上文中进行过介绍。

5.3.5　工程量偏差

1. 13版《清单计价规范》与08版《清单计价规范》关于工程量偏差规定的对比分析

（1）将其列为引起合同价款调整的风险事项之一

《建设工程工程量清单计价规范》（GB 50500—2013）将“工程量偏差”列入引起合同价款调整的风险事项之一，与08版《清单计价规范》相比，进一步明确了“工程量偏差”的概念并具体约定了风险调整的幅度与原则。

（2）将“工程量偏差”的幅度范围作了规定

13版《清单计价规范》明确规定了工程量偏差的幅度范围，将其调整幅度明确至±15%，这与08版《清单计价规范》中“工程量变化幅度10%”存在差异。13版《清单计价规范》将双方风险分担的界限予以明确的划分：业主承担工程量偏差±15%以外引起的价款调整风险，承包商承担±15%以内的风险。

2. 工程量偏差引起的合同价款调整

（1）工程量偏差的调整原则

13版《清单计价规范》明确规定工程量偏差导致综合单价的调整原则，即“当工程量增加15%以上时，其增加部分的工程量的综合单价应予调低，当工程量减少15%以上时，减少后剩余部分的工程量的综合单价应予调高”。

（2）工程量偏差引起的合同价款调整的计算

根据 13 版《清单计价规范》对工程量偏差引起的合同价款调整原则，对于任一招标的工程量清单项目，应按照下列公式调整结算分部分项工程费：

当 $Q_1<0.85Q_0$ 时，$S=Q_1\times P_1$

当 $Q_1>1.15Q_0$ 时，$S=1.15Q_0\times P_0+(Q_1-1.15Q_0)\times P_2$；

式中

S——调整后的某一分部分项工程费结算价；

Q_1——最终完成的工程量；

Q_0——招标工程量清单中列出的工程量；

P_1、P_2——按照最终完成工程量重新调整后的综合单价；

P_0——承包人在工程量清单中填报的综合单价。

5.3.6 计日工

1. 计日工的概念

《建设工程工程量清单计价规范》（GB 50500—2013）9.7.1 条规定：发包人通知承包人以计日工方式实施的零星工作，承包人应予执行。

在编制招标控制价时，计日工的“项目名称”、“计量单位”、“暂估数量”由招标人填写；对计日工中的人工单价和施工机械台班单价应按省级、行业建设主管部门或其授权的工程造价管理机构公布的单价计算；材料应按工程造价管理机构发布的工程造价信息中的材料单价计算，工程造价信息未发布材料单价的材料，其价格应按市场调查确定的单价计算。

2. 计日工计价方式的使用范围

计日工包含在合同工程量清单中的一项暂定金额内，通常用于工程量清单中没有合适项目的额外工作，用于完成在招标、投标时难以预料的是施工过程中随时可能发生的工作，多属于主体工程的辅助性工程或者零星工作。例如：施工中遇到地下文物需要保护、挖掘或遇到特殊情况时需承包商完成的某一特定任务等。

5.3.7 物价变化

13版《清单计价规范》中第9.8.2条：承包人采购材料和工程设备的，应在合同中约定主要材料、工程设备价格变化的范围或幅度，如没有约定，则材料、工程设备单价变化超过5%，超过部分的价格应按照价格指数调整法或造价信息差额调整法计算调整材料、工程设备费。

常见的由于物价变化引起的工程变更的合同价款确定方式有：采用价格指数调整差额、采用造价信息调整差额、采用实际价格调整法。

5.3.8 暂估价

1. 暂估价的概念

暂估价是07版《标准施工招标文件》中的新增术语，07版《标准施工招标文件》对其的定义为：指发包人在工程量清单中给定的用于支付必然发生但暂时不能确定价格的材料、设备以及专业工程的金额。

《建设工程工程量清单计价规范》（GB 50500—2013）也引入了

暂估价，在第 2.0.18 条规定：暂估价为招标人在工程量清单中提供的用于支付必然发生但暂时不能确定价格的材料、工程设备的单价以及专业工程的金额。

2. 对暂估价的理解

（1）是否适用暂估价及适用暂估价的材料、工程设备或专业工程的范围以及所给定的暂估价的金额，决定权完全在发包人；

（2）发包人在工程量清单中对材料、工程设备或专业工程给定暂估价的，该暂估价构成签约合同价的组成部分；

（3）在签订合同之后的合同履行过程中，发包人与承包人还需按照合同中所约定的程序和方式确定适用暂估价的材料、工程设备和专业工程的实际价格，并根据实际价格和暂估价之间的差额（含与差额相对应的税金等其他费用）来确定和调整合同价格。

5.3.9 不可抗力

1. 不可抗力是双方共担的风险

《建设工程工程量清单计价规范》（GB 50500—2013）第 9.10.1 条规定：因不可抗力事件导致的人员伤亡、财产损失及其费用增加，发承包双方应按下列原则分别承担并调整合同价款和工期。

（1）合同工程本身的损害、因工程损害导致第三方人员伤亡和财产损失以及运至施工场地用于施工的材料和待安装的设备的损害，应由发包人承担；

（2）发包人、承包人人员伤亡由其所在单位负责，并应承担相应费用；

（3）承包人的施工机械设备损坏及停工损失，应由承包人承担；

(4) 停工期间，承包人应发包人要求留在施工场地的必要的管理人员及保卫人员的费用应由发包人承担。

(5) 工程所需清理、修复费用，应由发包人承担。

对不可抗力的风险分担总结起来，为：工程损失，发包人承担；各自损失，各自承担。

2. 不可抗力引起的赶工和合同解除

《建设工程工程量清单计价规范》(GB 50500—2013) 第9.10.2规定：不可抗力解除后复工的，若不能按期竣工，应合理延长工期，发包人要求赶工的，赶工费用由发包人承担。

此条与《标准施工招标文件》中的规定基本一致。

《建设工程工程量清单计价规范》(GB 50500—2013) 第9.10.3规定：因不可抗力解除合同的，应按本规范第12.0.2条（由于不可抗力致使合同无法履行解除合同后的价款结算的规定）的规定办理。

此条与《标准施工招标文件》中的规定基本一致。

5.3.10 提前竣工（赶工补偿）

1. 提前竣工（赶工补偿）的概念

《建设工程工程量清单计价规范》(GB 50500—2013) 第9.11.1条规定：招标人应当依据相关工程的工期定额合理计算工期，压缩的工期天数不得超过定额工期的20%，超过者，应在招标文件中明示增加赶工费用。

9.11.2条规定：发包人要求合同工程提前竣工，应征得承包人同意后与承包人商定采取加快工程进度的措施，并修订合同工程进度计划。发包人应承担承包人由此增加的提前竣工（赶工补偿）费。

对于赶工补偿的理解为：①提前竣工是发包人对承包人工期提前的要求；②承包人实施提前竣工行为，需要发包人给以相应的奖金作为追加的合同价款；③提前竣工与赶工补偿是连为一体的，若没有提前竣工的事实，则也不存在赶工补偿的问题。

2. 提前竣工（赶工补偿）费的支付与确定

13 版《清单计价规范》第 9.11.3 条规定：发承包双方应在合同中约定提前竣工每日历天应补偿额度，此项费用应作为增加合同价款列入竣工结算文件中，应予结算款一并支付。

此条说明赶工补偿费的计算与支付都应该列入竣工结算文件中，与结算款一起支付。

5.3.11 误期赔偿

1. 误期赔偿的概念

误期赔偿引起的合同价款调整是 13 版《清单计价规范》新增的内容。

《建设工程工程量清单计价规范》（GB 50500—2013）第 9.12.1 条规定：承包人未按照合同约定施工，导致实际进度迟于计划进度的，承包人应加快进度，实现合同工期。合同工程发生误期，承包人应赔偿发包人由此造成的损失，并应按照合同约定向发包人支付误期赔偿费。即使承包人支付误期赔偿费，也不能免除承包人按照合同约定应承担的任何责任和应履行的任何义务。

第 9.12.2 条规定：发承包双方应在合同中约定误期赔偿费，并应明确每日历天应赔额度。误期赔偿费列入竣工结算文件中，并应在结算款中扣除。

第9.12.3条规定：如果在工程竣工之前，合同工程内的某单项（位）工程已通过了竣工验收，且该单项（位）工程接收证书中表明的竣工日期并未延误，而是合同工程的其他部分产生了工期延误时，误期赔偿费应按照已颁发工程接收证书的单项（位）工程造价占合同价款的比例幅度予以扣减。

2. 误期索赔费的计算

承包人没有按期完工应向发包人支付误期赔偿，同时规定了支付误期赔偿的标准以及误期赔偿费应在结算款中扣除。若在整个工程的竣工期限之前，已有部分工程按期签发了接收证书，则剩余工程的误期赔偿金额应按比例折减。可见，误期赔偿属于发包人索赔的范畴，是指对发包人实际损失费的计算。

5.3.12 索赔

1. 索赔的概念

《建设工程工程量清单计价规范》（GB 50500—2013）规定，索赔是在工程合同履行过程中，合同当事人一方因非己方的原因而遭受损失，按合同约定或法律法规规定应由对方承担责任，从而向对方提出补偿的要求。索赔是双向的，但在工程实践中，发包人索赔数量较小，而且处理方便，可以通过冲账、扣拨工程款、扣保证金、扣押承包人的人、财、物等实现对承包人的索赔；而承包人对发包人的索赔则比较困难一些。索赔有较广泛的含义，可以概括为以下三个方面：

（1）一方严重违约使另一方面造成了损失，受损方向对方提出补偿损失的要求；

（2）发生一方应承担责任的特殊风险或遇到不利自然、物质条件等情况，而使另一方蒙受较大损失而提出补偿损失要求；

（3）一方本应当获得的正当利益，由于没能及时得到监理人的确认和另一方应给予的支持，而以正式函件向另一方索赔。

2. 索赔的程序

索赔提出的程序如图 5-8 所示。

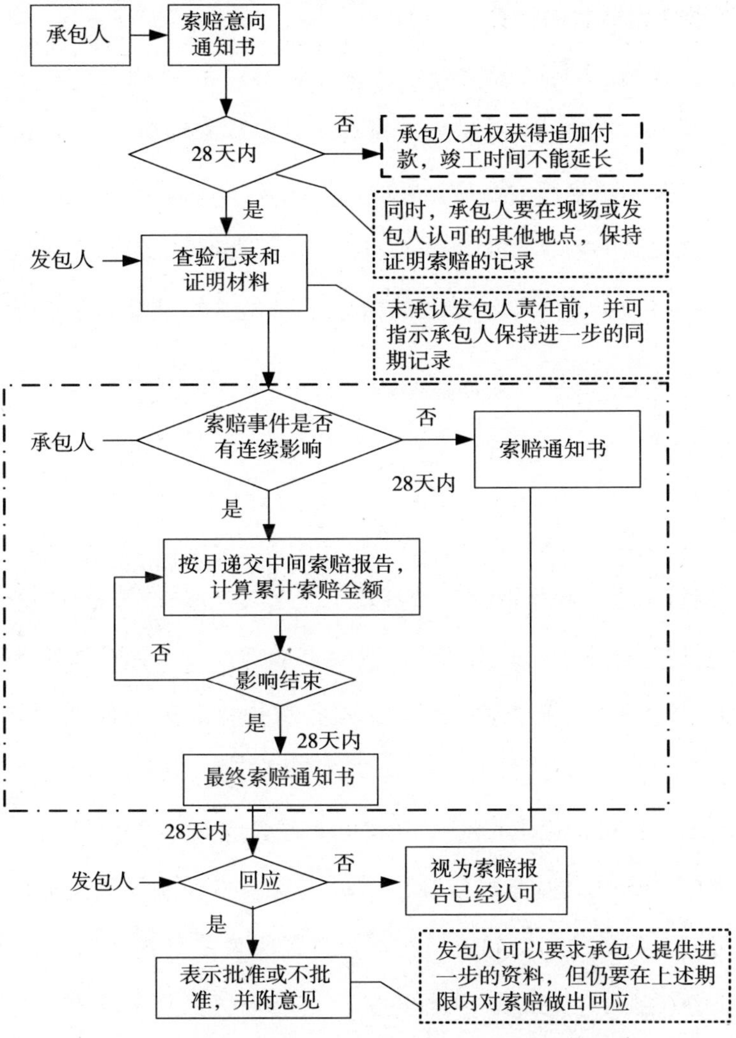

图 5-8　13 版《清单计价规范》对于索赔提出的程序

3. 索赔的分类

(1) 按施工合同中涉及的有关当事人分类

索赔按照施工合同中涉及的有关当事人分类，可分为：发包人向承包人的索赔、总承包人与分包商之间的索赔、承包商与供货商之间的索赔、承包人和发包人向保险公司的索赔和发包人与监理单位的索赔。

(2) 按索赔的目的分类

索赔按照索赔的目的分类，可分为：工期索赔和费用索赔。

(3) 按索赔事件的性质分类

索赔按照索赔事件人分类，可分为：工期延误索赔、工程变更索赔、合同终止的索赔、工程加速的索赔、意外风险和不可预见因素的索赔和其他索赔。

5.3.13 现场签证

1. 现场签证的概念

《建设工程工程量清单计价规范》(GB 50500—2013) 第2.0.24条将现场签证定义为发包人现场代表（或其授权的监理人、工程造价咨询人）与承包人现场代表就施工过程中涉及的责任事件所做的签认说明。

签证最早由中国人用于工程建设领域。签证的概念起源于1961年西南第一建筑工程公司新都机械厂工程。当时因发包人原因发生一项合同预算外的项目和费用，承包人以一份工程签证单要求补偿，发包人在签证单上签认。这种做法在当时很快推行至全国，并一直沿用至今。

签证的实质可以说是一种用来快速解决现场发生变化的处理方法，一般用来解决比较小的或者比较急迫的事件，是一种处理方法的简化机制。

2. 常见的签证项目

13 版《清单计价规范》第 9.14.6 条规定：承包人在施工过程中，当发现合同工程内容因场地条件、地质水文、发包人要求等不一致时，承包人应提供所需的相关资料，提交签证认可，作为合同价款调整的依据。

从以上条款可分析知，现场签证项目可分为三大类：第一类，完成合同以外的零星项目；第二类，非承包人责任事件；第三类，合同工程内容因场地条件、地质水文、发包人要求不一致的项目。

5.3.14 暂列金额

1. 暂列金额的概念

《标准施工招标文件》（发改委［2007］56 号）第 1.1.5.4 款规定：已标价工程量清单中所列的暂列金额，用于在签订协议书时尚未确定或不可预见变更的施工及其所需材料、工程设备、服务等的金额，包括以计日工方式支付的金额。”

《建设工程工程量清单计价规范》（GB 50500—2013）沿用了《建设工程工程量清单计价规范》（GB 50500—2008）的概念，将暂列金额定义为：招标人在工程量清单中暂定并包括在合同价款中的一笔款项。用于工程合同签订时尚未确定或者不可预见的所需材料、工程设备、服务的采购，施工中可能发生的工程变更、合同约定调整因素出现时的合同价款调整以及发生的索赔、现场签证确认等的费用。”

通过对以上概念分析可知，暂列金额包括两层含义：

（1）暂列金额应用条件：“可能发生”、“合同约定调整因素出现”、“发生索赔、现场签证确认”等情况，这些均属于“未确定或不可预见”。

（2）暂列金额由招标人填写，如不能详列，也可只列暂定金额总额，投标人应将上述暂列金额计入投标总价中。

除此之外《建设工程工程量清单计价规范》（GB 50500—2013）规定暂列金额还用于施工过程中的工程变更、合同约定的调整因素、索赔和现场签证等引起合同价款调整的费用。

2. 暂列金额的使用范围

由《建设工程工程量清单计价规范》（GB 50500—2013）规定，暂列金额的适用范围为：法律法规变化、工程变更、项目特征不符、工程量清单缺项、工程量偏差、计日工、现场签证、物价变化、暂估价、不可抗力、提前竣工（赶工补偿）、误期补偿、施工索赔等。

第 6 章　索赔精细化管理

6.1　索赔精细化管理依据

《建设工程工程量清单计价规范》（GB 50500—2013）规定，索赔是在合同履行过程中，对于非己方的过错而应由对方承担责任的情况造成的损失，向对方提出补偿的要求。索赔是双向的，但在工程实践中，发包人索赔数量较小，而且处理方便，可以通过冲账、扣拨工程款、扣保证金等 实现对承包人的索赔；而承包人对发包人的索赔则比较困难一些。

6.1.1　工期索赔

1. 工程延误的相关规定

如果由于非承包人自身原因造成工程延期，在《建设工程工程量清单计价规范》（GB 50500—2013）和合同中都有规定，承包人有权向发包人提出工期延长的索赔要求，这是施工合同赋予承包人要求延长工期的正当权利。若承包人的费用索赔与工期索赔要求相关联时，发包人在作出费用索赔的批准决定时，应结合工程延期，综合做出费用赔偿和工程延期的决定，索赔费用的构成及其计算在本节中将会详细的阐述。

《建设工程工程量清单计价规范》(GB 50500—2013) 中规定了延长工期为承包人索赔方式的其中之一，在99版FIDIC《施工合同条件》以及我国的《建设工程施工合同(示范文本)》(GF-1999—0201) 都对工期可以相应顺延进行了规定。此外，英国JCT63合同，JCT80合同和IFC合同都有相应的规定。

2. 工期延误的分类

工期拖延按照风险来源划分，可分为发包人原因造成的工期延误、发包人风险造成的工期延误、自然风险造成的工期延误、第三方原因造成的工期延误、共同延误。

工程延误的分类如图6-1所示。

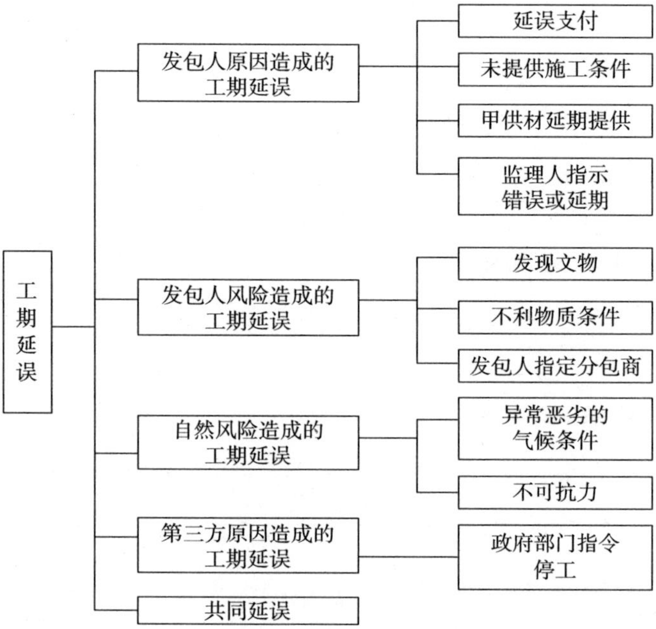

图6-1 工期延误分类

3. 工期延误的归责

对于工期延误，共有三种处理途径，①可顺延工期且可费用补偿；②可顺延工期不可费用补偿；③不可顺延工期不可费用补偿。

对于发包人原因、发包人风险造成的工期延误，承包商可以获得工期补偿及费用补偿；对于自然风险和第三方原因造成的工期延误，承包商只能获得顺延工期的权利；对于承包商原因造成的工期延误，承包商无法获得工期顺延，也无法获得费用补偿；共同延误情况下，根据双方延误事件是否处于关键路径、是否可索赔费用，承包商的工期顺延及费用索赔都需根据具体情况而定，如图 6-2 所示。

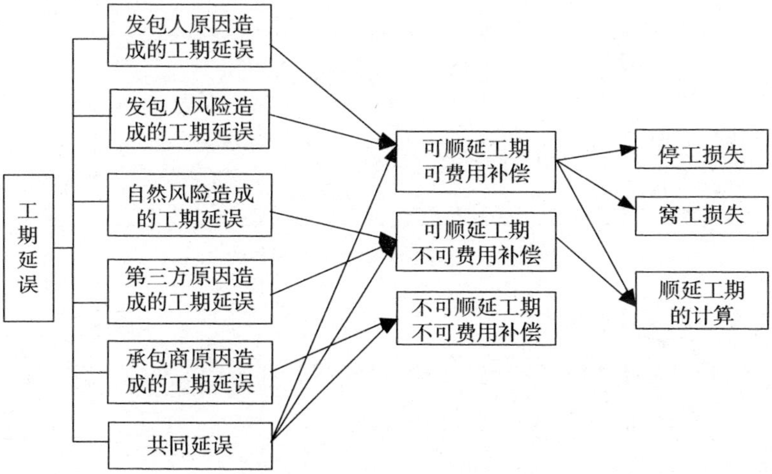

图 6-2　工期延误的归责分析图

4. 工期索赔的分析

工期索赔的分析流程包括延误原因分析、网络计划（CPM）分析、发包人责任分析和索赔结果分析等步骤。具体流程如图 6-3 所示。

5. 工期索赔的计算方法

工期索赔的计算方法有网络图分析和比例分析法。

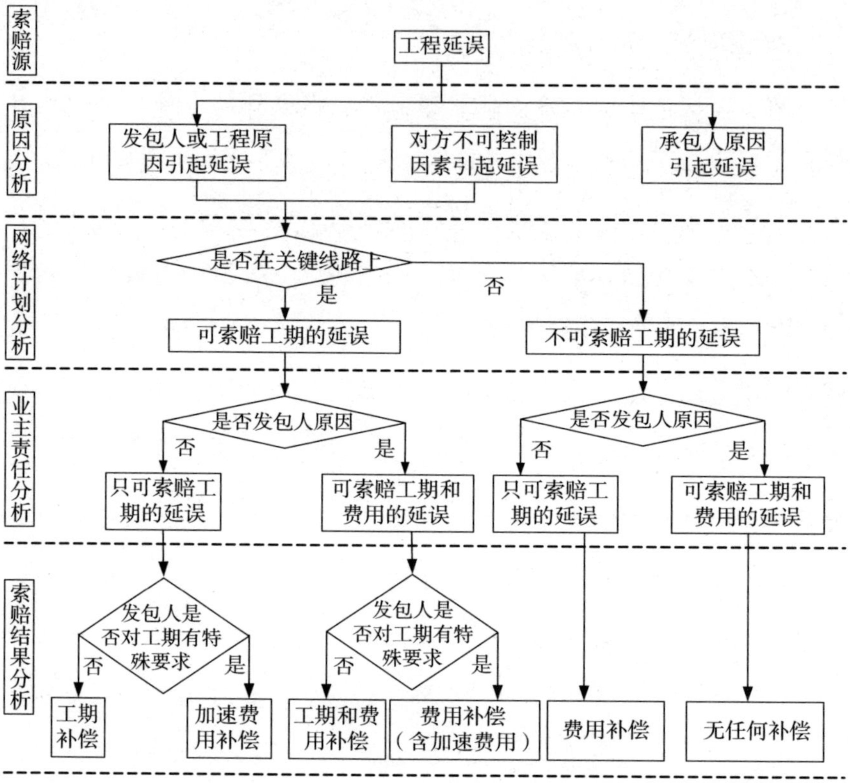

图 6-3 工期索赔分析流程图

（1）网络图分析法

①处于非关键路径上的工作，该工作的工作时间的缩短值一律不应计算在索赔值内。

②处于关键路径上的工作，除非该工作的工作时间的变化引起关键路径改变及总工期的变化，一般应就该工作的作业时间缩短值给予索赔。关键路径改变情况下计算索赔值的依据是：工期变化前后的差值。

（2）比例分析法

①按工程量进行比例类推

工期索赔值＝原合同工期×新增工程量/合同工程量　　　式 6-1

②按等价进行比例类推

工期索赔值=原合同工期新增工程量造价/原合同价　　　式 6-2

比例计算法虽然简单方便，但有时不尽符合实际情况，比例计算法不适用于变更施工顺序、加工顺序、删减工程量等事件的索赔。

6.1.2 费用索赔

1. 费用索赔的含义

费用索赔是指承包人在非自身因素影响下而遭受经济损失时向发包人提出补偿其额外费用损失的要求。因此费用索赔应是根据合同条款的有关规定，向发包人索取的合同价款以外的费用。索赔费用不应被视为承包人的以外收入，也不应被视为发包人的必要控制费用。实际上，索赔费用的存在是由于建立合同时还无法确定的某些应由发包人承担的风险因素导致的结果。承包人的投标报价中一般不考虑应由发包人承担的风险对报价的影响，因此一旦这类风险发生并影响承包人的工程成本时，承包人提出费用索赔是承包人索取补偿的权利表现。

2. 索赔费用的构成

可索赔的费用项目

按照建设部《建筑安装工程费用项目组成》（建标［2003］206 号）文件，建筑安装工程造价构成一般包括直接费、间接费、利润和税金。索赔也沿用建筑安装工程造价构成来确定索赔值，并且根据引起的原因不同，索赔费用构成也不尽一致，但是把所有的可索赔费用项目归纳起来包含有：直接费、间接费、利润、其他等四部分类。其中直接费包括人工费、材料费、机械设备使用费、措施费；

间接费包括企业管理费和规费；其他包括利息、分包商索赔、相应保函费、保险费、银行手续费及其他额外费用的增加等项索赔项目，如图 6-4 所示。

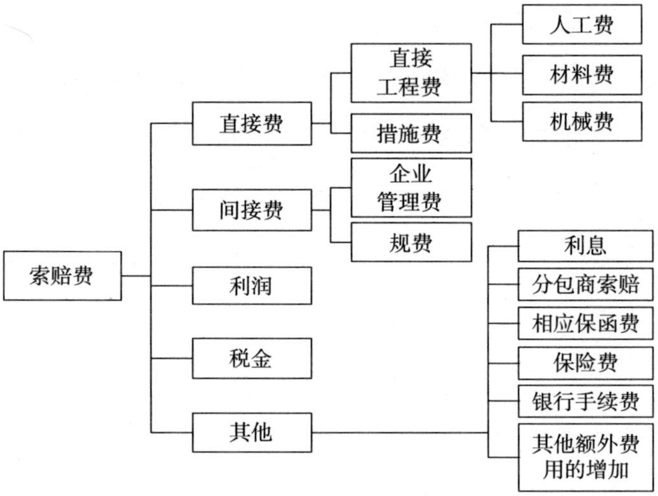

图 6-4　我国索赔费用的构成

3. 费用索赔的计算方法

费用索赔的计算方法有实际费用法、总费用法、修正费用法、合理价值法和审判裁定法。其中最常用的是实际费用法。

（1）实际费用法

①分析每个或每类索赔事件所影响的费用项目，不得有遗漏。这些费用项目通常应该与合同报价中的费用项目一致。

②计算每个费用项目受索赔事件影响后的数值，通过与合同价中的费用值进行比较即可得到该项费用的索赔值。

③将各费用项目的索赔值汇总，得到总费用的索赔值。实际费用法的索赔费用主要包括该项工程施工过程中所发生的额外人工费、材料费、机械使用费、管理费以及应得利润。

（2）总费用法

具体公式为：

工期索赔值=原合同工期新增工程量造价/原合同价　　式 6-3

在采用总费用法时，应注意以下几点：

①由于该项索赔在施工时，通常是多个索赔事件混杂在一起，导致难以准确地进行分项记录和收集资料、证据，不容易分项计算出具体的损失费用，只得采用总费用法进行索赔。

②承包人的投标报价是合理的，不能采用低价中标策略后的过低的投标价。

③承包人必须有足够的证据证明其全部费用的合理性。能够证明实际发生的总费用中不包含承包人原因（施工组织不善、材料浪费）增加的。

（3）修正总费用法

（4）合理价值法

（5）审判裁定法

4. 费用索赔值的计算公式

（1）人工费索赔值的计算

①单因素下的人工费索赔值的计算

人工费计算的特点决定了人工费索赔的特点，因此，可以得到三种方式下的统一计算公式

$\Delta M_{人}=Q_1\times P_1-Q_0\times P_0$　　式 6-4

式中　Q_1——变化后的人工消耗量；

Q_0——投标书中计划消耗量；

P_1——变化后的人工日工资单价；

P_0——单价分析表中的人工日工资单价。

对于不同因素下的人工费索赔，可以赋予上述参数不同的含义。

a. 超过法定时间的加班

索赔值＝加班用工量×加班补偿率　　式6-5

其中，加班用工量可以根据工人出勤记录、工人人数等证明、工作进出场记录计算得出。

加班补偿率遵照合同约定，

b. 人员窝工、闲置

索赔值＝窝工人工量×窝工率　　式6-6

其中，窝工人工量可以依据工人出勤记录、工人人数等证明；窝工工日的签认证明得到，窝工率可采用最低人工工资标准（元/工日）；人工单价的60％～70％、最低平均日工资。

c. 工期延误期间的工资上涨

工期延误使得随后的工作大量后延，因此精确计算工期延误引起的工资上涨索赔必须首先计算延误之后的全部工作量与新单价的乘积，再进行计算无延误状态下的实际成本，最后取两者之差得到。但是，施工企业在进度计划设计时，一般需要将资源平均分配，因此每一阶段人工相差量不大，所以工期延误期间的工资上涨可以简化为以下公式：

索赔值＝延误用工量×人工工资上涨幅度　　式6-7

其中，延误用工量以依据工人出勤记录、工人人数等证明、窝工工日的签认证明得到。人工工资上涨幅度，可采用合同中规定的调价方法（价格指数或价格信息调价法）。

d. 劳动率降低导致工效降低

索赔值＝实际用工量下的人工成本－正常劳动率下的人工成本

式 6-8

其中，实际用工量下的人工成本是指实际用工量与人工费率乘积；正常劳动率是指行业数据、企业类似项目数据、本项目无干扰工作的效率。

e. 用工量增加

索赔值＝增加的用工量×人工单价　　式 6-9

其中，增加的用工量根据工人出勤记录、工人人数等证明计算得到，人工单价根据投标文件得到。

②多因素下的人工费索赔值的确定

对于以上因素共同发生情况下，需系统考虑人工费索赔问题。图 6-5 描述了以上各要素相互间的关联，其中在工程量增加、劳动效率降低、窝工情况下，若不做处理，工程一般将导致延误，此时，若人工单价增加，则势必触动“工期延误期间的工资上涨”这一人工费索赔“触发器”，若增加用工量或超过法定时间加班，则触动“超过法定时间的加班”、“用工量增加”这两个人工费索赔“触发器”。而超过法定时间加班又成为劳动效率降低的“触发器”。其相互关系如图 6-5 所示。

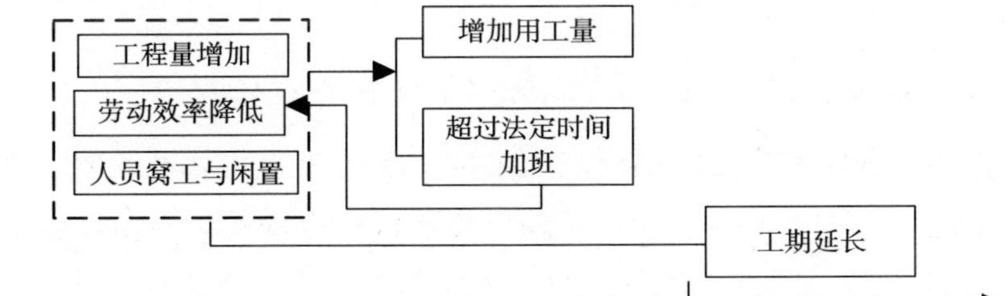

图 6-5　人工费索赔因素之间的关联关系

对于消耗量分为两类：计划消耗量、剔除承包商责任后实际消耗量、延期完工消耗量、加班消耗量、闲置量、窝工量；对于人工单价可分为三类：投标时综合单价分析表中的价格；延误期内双方认可的人工单价；加班需额外补偿的单价、窝工及闲置下双方认可的单价。

人工费索赔的综合处理模型，如表 6-1 所示：

表 6-1　　　　人工费索赔综合处理模型

参　数	工程量	单价	单价备注
计划消耗量	Q_0	P_0	投标时综合单价分析表中价格
剔除承包商责任的实际消耗量	Q_1		
其中：延期完工消耗量 1	$Q_{延1}$	$P_{延1}$	延误 1 期内双方认可的人工单价
延期完工消耗量 2	$Q_{延2}$	$P_{延2}$	延误 2 期内双方认可的人工单价
其中：加班消耗量	$Q_{加}$	$P_{加}$	除按时记取工资外，加班需要额外补偿的单价
闲置量、窝工量	$Q_{闲}$	$P_{闲}$	窝工、闲置下双方认可的单价
人工费索赔值	$Q_1 \times P_0 + [(Q_{延1} \times P_{延1} + Q_{延2} \times P_{延2}) - (Q_{延1} + Q_{延2}) \times P_0] + Q_{加} \times P_{加} + Q_{闲} \times P_{闲} - Q_0 \times P_0$		

（2）材料费索赔值的计算

材料费索赔与人工费索赔不同：一，不存在低效率；二，不存在不同时段工作费用不同情况。材料费索赔的索赔基本公式是：

$\Delta M_{材} = Q_{材1} \times P_{材1} - Q_{材0} \times P_{材0}$　　式 6-10

①材料用量增加

索赔值＝材料用量增加值×材料单价　　式 6-11

其中材料用量增加量根据建筑材料的领料、退料方面的记录、凭证和报表等得到，材料单价取自投标文件。

②工期延误期间的材料价格上涨

工期延误使得随后的工作大量后延，因此精确计算工期延误引起的材料上涨索赔（延误材料用量是指未完工程材料用量），必须首先计算延误之后的全部材料用量与新单价的乘积，再进行计算无延误状态下的实际成本，最后取两者之差得到。但是，施工企业在进度计划设计时，一般需要将资源平均分配，因此每一阶段材料用量相差量不大，所以工期延误期间的工资上涨可以简化为以下公式：

索赔值＝延误材料用量×材料单价上涨幅度　　式 6-12

其中，延误材料用量根据建筑材料的采购、订货、运输、进场，使用方面的记录、凭证和报表，每月成本计划与实际进度及成本报告得到；材料单价上涨幅度可采用合同中规定的调价方法（价格指数或价格信息调价法）得到，其主要依据包括国家或省、自治区、直辖市的政府物价管理部门或统计部门提供的价格指数；行业建设部门授权的工程造价机构公布的材料价格。

③材料运费增加（未延期）

索赔值＝材料运量×运费单价增量　　式 6-13

其中，材料运量根据建筑材料的进场，使用方面的记录、凭证和报表等计算得到，运费单价增量则参照合同中综合单价分析表中材料单价。

④材料保管费增加（未延期）

按照财会材料保管费的计算方法，材料保管费的计算方法为：

索赔值＝仓储时间增量×仓储材料量×单位存储成本　　式 6-14

其中，材料仓储时间、仓储材料量根据仓储记录得到，单位仓储成本根据企业财务会计得到。

⑤检验试验费增加

索赔值=试验人员工资+试验材料费+化学药品费　　式6-15

其中试验人员工资、试验材料费、化学药品费的用量确定主要依据试验记录；试验人员工资、试验材料费单价的确定主要依据投标文件；化学药品费单价的确定可以依据市场询价得到。

(3) 机械费索赔值的计算

①单因素下机械费索赔值的确定

a. 劳动率降低导致工效降低

索赔值=实际台班消耗成本一正常劳动率下的台班成本　式6-16

其中，实际台班消耗成本等于实际台班消耗量与台班单价乘积；正常劳动率可以根据行业数据、企业类似项目数据、本项目无干扰工作的效率计算得到。

b. 机械闲置（租赁设备）

索赔值=机械闲置量×租赁单价　　式6-17

其中，机械闲置量可以依据工期延误记录等证明；窝工单价可根据投标报价单价分析表、租赁合同等得到。

c. 机械台班用量增加

索赔值=增加的机械台班量×台班单价　　式6-18

其中，增加的台班量根据工程量增加值及定额等计算得到，台班单价根据投标文件得到。

d. 工期延误期间的台班单价上涨

工期延误使得随后的工作大量后延，因此精确计算工期延误引起的台班单价上涨索赔必须首先计算延误之后的全部工作量与新单价的乘积，再进行计算无延误状态下的实际成本，最后取两者之差得到。但是，施工企业在进度计划设计时，一般需要将资源平均分配，因此每一阶段台班使用量相差量不大，所以工期延误期间的台班单价上涨可以简化为以下公式：

索赔值＝延误台班用量×台班单价上涨幅度　　式6-19

其中，延误台班用量依据台班使用计划、进度计划、工期延长记录等计算得到；台班单价工资上涨幅度，可采用合同中规定的调价方法（价格指数或价格信息调价法）计算。

e. 机械窝工、闲置（承包商设备）

索赔值＝机械闲置量×窝工单价　　式6-20

其中，机械闲置量可以依据工期延误记录等证明；窝工单价可根据机械台班折旧费记取。

②多因素下机械费索赔值的确定

机械与人工两种资源存在以下几方面的类似：一，都存在工作效率现象；二，都存在成本与工作状态相关的现象（如：窝工或闲置状态与正常状态成本不同）。不同之处在于：人工存在加班补偿费。因此与人工费类似，当工程量增加、机械效率降低、窝工情况下，若不做处理，工程一般将导致延误，此时，若机械台班单价增加，则势必触动“工期延误期间的机械台班上涨”这一人工费索赔“触发器”，若增加用工量或超过法定时间加班，则触动“超过法定时间的加班”及“用工量增加”这两个人工费索赔“触发器”。而超过法定时间加班又触动劳动效率降低的“触发器”。机械台班费索赔综合模型如表6-3所示。

表 6-3　　机械台班费索赔综合模型

参　数	工程量	单价	单价备注
计划台班消耗量	Q_0	P_0	投标时综合单价分析表中价格
剔除承包商责任后的实际台班消耗量	Q_1	P_0	投标时综合单价分析表中价格
延期完工台班消耗量 1	$Q_{延1}$	P_1	延误 1 期内双方认可的人工单价
延期完工台班消耗量 2	$Q_{延2}$	P_2	延误 2 期内双方认可的人工单价
闲置台班量、台班窝工量	$Q_{闲}$	$P_{闲}$	窝工、闲置下双方认可的单价
机械台班索赔值	$Q_1 \times P_0 + [(Q_{延1} \times P_1 + Q_{延2} \times P_2) - (Q_{延1} + Q_{延2}) \times P_0] + Q_{闲} \times P_{闲} - Q_0 \times P_0$		

（4）措施费索赔值的计算

措施项目费应分为两类，可以计算工程量的措施项目，应采用综合单价计价，如果发生索赔事件，具体的人工费、材料费、机械使用费应参照直接工程费中的人工费、材料费、机械使用费方式确定其费用。以“项”为计量单位的，按项计价，其价格组成与综合单价相同，应包括除规费、税金以外的全部费用。如果发生索赔事件导致了该类措施项目的额外增加，其索赔值参照“第二章工程造价构成”中措施项目费用计算方式确定。

（5）间接费索赔值的计算

间接费包括规费和企业管理费，间接费是通过取一定的计算基数，然后在这个基数的基础上取一定费率：

间接费＝取费基数×间接费率　　式 6-21

其中：间接费率＝规费费率＋企业管理费费率　　式 6-22

规费的费率应根据省级政府或省级有关权力部门的规定列项，

作为不可竞争费用；管理费费率是承包人根据企业自身管理水平而确定，在投标报价中应写明。间接费率是不可以索赔事件发生而改变，但是其取费基数发生改变，而导致了间接费发生改变。

（6）利润索赔值的计算

利润索赔值的确定如表 6-4 所示。

表 6-4　　利润索赔值确定

费用索赔的因素	计算方法	参数的确定	证明材料
删减工程	所删减工程的价值与预期利润率的乘积	预期利润率的确定：同类企业平均利润率、行业平均利润率、（已完工程合同价值－已完工程的成本）/已完工程合同价值	企业财务会计报表、项目开支明细、历次支付申请及支付证书
额外工程	额外工程的价值与预期利润率的乘积		
发包人原因造成的工期延误	可索赔的费用与预期利润率的乘积		

6.2　索赔精细化管理程序

6.2.1　提出程序

《建设工程工程量清单计价规范》（GB 50500—2013）第 9.13.2 条规定了承包人向发包人提出索赔的程序的步骤：

1. 承包人应在知道或应当知道索赔事件发生后 28 天内，向发包人提交索赔意向通知书，说明发生索赔事件的事由。承包人逾期未发出索赔意向通知书的，丧失索赔的权利。

2. 应在发出索赔意向通知书后28天内，向发包人正式提交索赔通知书。索赔通知书应详细说明索赔理由和要求，并附必要的记录和证明材料。

3. 索赔事件具有连续影响的，承包人应继续提交延续索赔通知，说明连续影响的实际情况和记录。

4. 在索赔事件影响结束后的28天内，承包人应向发包人提交最终索赔通知书，说明最终索赔要求，并附必要的记录和证明材料。

总结13版《清单计价规范》对于提出索赔的程序的规定，画出的流程图如图6-6所示。

6.2.2 处理程序

《建设工程工程量清单计价规范》(GB 50500—2013) 第9.13.3条提出了索赔处理的程序：

1. 发包人收到承包人的索赔通知书后，应及时查验承包人的记录和证明材料。

2. 发包人应在收到索赔通知书或有关索赔的进一步证明材料后的28天内，将索赔处理结果答复承包人，如果发包人逾期未作出答复，视为承包人索赔要求已被发包人认可。

3. 发包人接受索赔处理结果的，索赔款项应作为增加合同价款，在当期进度款中进行支付；承包人不接受索赔处理结果的，应按合同约定的争议解决方式办理。

总结13版《清单计价规范》对于提出索赔处理的规定，画出的流程图如图6-7所示。

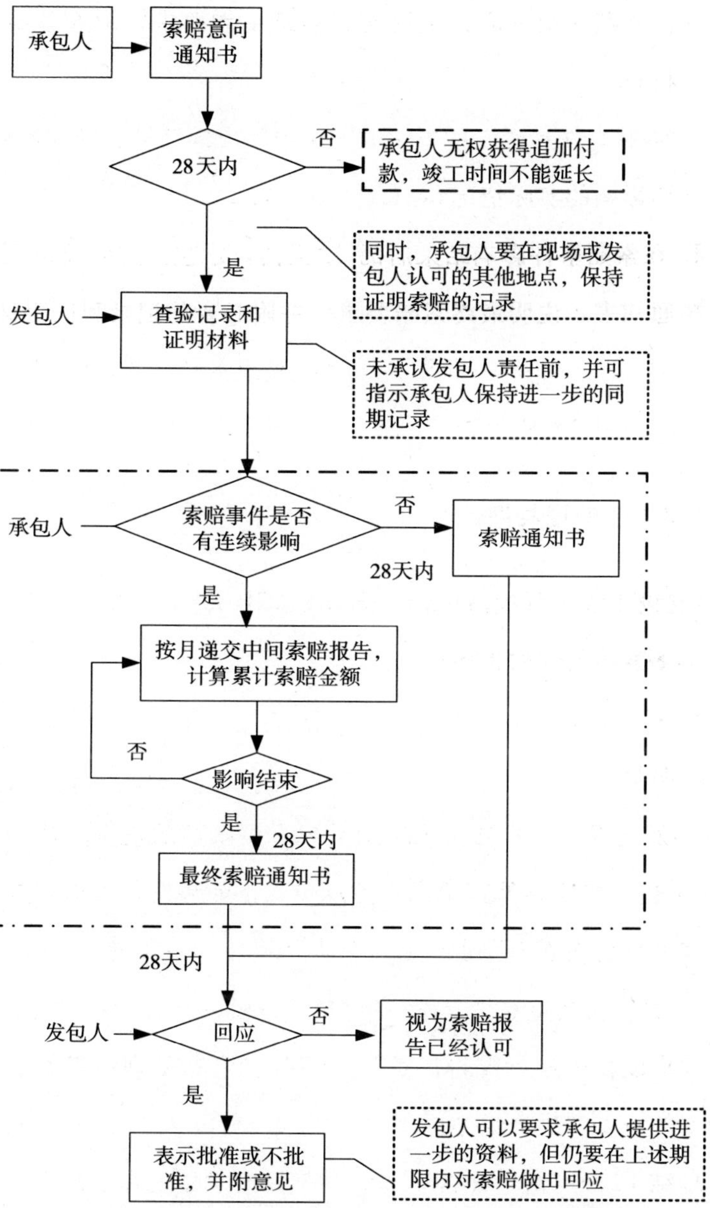

图 6-6　13 版《清单计价规范》对于索赔提出程序的规定

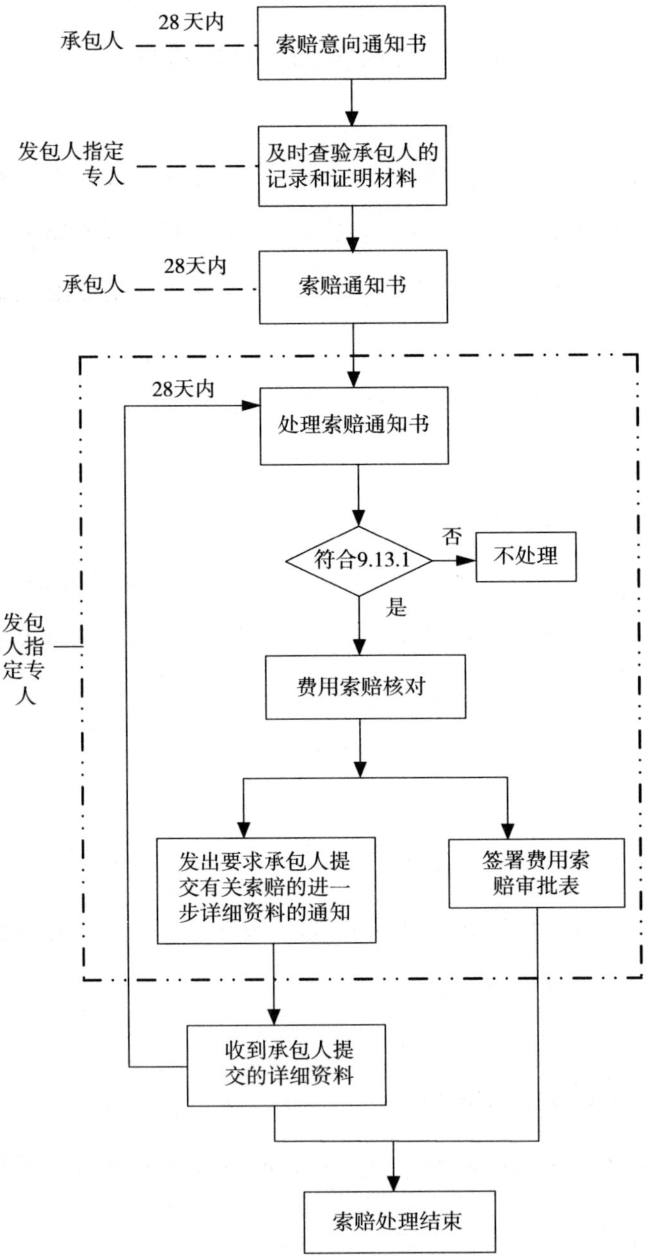

图 6-7　13 版《清单计价规范》对于索赔处理程序的规定

6.3　索赔精细化管理措施

索赔的双向性对合同双方都赋予合理地向对方索赔的权利，以维护经济利益受损害一方的正当经济利益。发包人索赔的概念是相对于承包商索赔提出的，即发包人向承包商提出的索赔叫做发包人索赔。

1. 承包商施工质量不满足合同要求

当承包商的施工质量不符合合同的要求，或使用的设备和材料不符合合同规定，或在缺陷通知期满以前未完成应该负责修补的工程时，发包人有权向承包商追究责任，要求补偿所遭受的经济损失。如果承包商在规定的期限内未完成缺陷修补工作，发包人有权雇佣他人来完成该工作，发生的成本和利润由承包商负担。如果承包商自费修复，则发包人可索赔重新检验费。

2. 承包商不履行的保险费用

如果承包商未能按照合同条款指定的项目投保，并保证保险有效，发包人可以投保并保证保险有效，发包人所支付的必要的保险费可在应付给承包商的款项中扣回。

3. 承包商获得超额利润

如果工程量增加很多，使承包商预期的收入增大，因工程量增加承包商并不增加任何固定成本，合同价应由双方讨论调整，收回部分超额利润。

4. 承包商未对指定分包商付款

在承包商未能提供已向指定分包商付款的合理证明时，发包人可以直接按照工程师的证明书，将承包商未付给指定分包商的所有款项（扣除保留金）支付给指定分包商，并从应付给承包商的任何款项中扣回同等数额的价款。

5. 发包人合理终止合同或承包商不正当地放弃工程

如果发包人合理地终止承包商的承包，或承包商不正当地放弃工程，则发包人有权从承包商手中收回由新的承包商完成工程所需的工程款与原合同未付部分的差额。

6. 发包人索赔的特点

（1）索赔发生的频率较低

发包人对承包商的选择，通常是经过严格的程序刷选出来的（包括资格预审、评标等），在正常情况下，施工质量一般能达到要求，特别是国家实行工程质量责任终身制和项目经理负责后，承包商都比较重视工程的质量。至于是否能够按照合同合同约定的时间完工，一个单项工程只有一次，甚至一个建设项目也是一次性的。因此，只要承包人在施工技术和工程管理方面不出现大的失误，发包人通常很少向承包人索赔。

（2）发包人在索赔处理中占主动地位

当发包人向承包商提出索赔时，有较多的制约机会，发包人往往处于主动地位。只要发包人将索赔问题以书面形式通知承包商，发包人就可以从应支付给承包商的工程款中扣回应索赔款数额，如果工程款不能支付发包人的索赔款数额时，发包人还有权从承包人提交的担保和履约保函中扣除索赔款，甚至发包人可以留置承包商的材料、设备来补偿损失。

（3）发包人索赔的目的是按时获得满意的工程

发包人向承包商索赔的主要内容是工程进度索赔和工程质量索赔。工程进度索赔通常表现为由于承包商自身原因导致工程不能在合同约定的时间内竣工，发包人按合同中的规定扣除一定数额的款项；工程质量索赔通常表现为工程师要求承包商对合同内约定的质量有缺陷的工程部位或产品进行修补、甚至返工。这两种索赔的目的都是为了发包人按时保质的获得满意的工程，而不是为了获得经济利润。这和承包商向发包人索赔主要是为了经济利益有很大的不同。

第3篇　工程价款支付与结算中的精细化管理

第 7 章　工程价款支付精细化管理

7.1　预付款支付的精细化管理

7.1.1　精细化管理依据

1. 工程预付款的概念

(1) 预付款的定义

《建设工程工程量清单计价规范》（GB 50500—2013）中第2.0.48 规定：预付款是发包人按照合同约定，在开工前预先支付给承包人用于购买合同工程施工所需的材料、工程设备以及组织施工机械和人员进场等的款项。第 10.1.1 条款规定：承包人对预付款必须专用于合同工程。《标准施工招标文件》（发改委［2007］第 56 号）中第 17.2.1 条规定：预付款用于承包人为合同工程施工购置材料、工程设备、施工设备、修建临时设施以及组织施工队伍进场等。预付款必须专用于合同工程。

通过对比可知，预付款必须专用于合同工程。仅用于购买合同工程施工所需的材料、工程设备及组织施工机械和人员进场等。因此，对于只包工不包料的工程项目，则可以不预付工程款。

（2）预付款的性质

①预付款与定金的区别

预付款与定金都是在订立合同时由一方当事人预先支付给对方的一定数额的货币。为了更为清晰的了解预付款的性质，下面将通过对比预付款与定金的不同，来探讨预付款的性质。

从性质上来看，定金是债的担保方式，主要作用于担保债务人履行债务，而预付款的性质则是履行债务，属于履行给付义务的一部分。从效力上来看，《担保法》第89条规定："给付定金的一方不履行约定债务的，无权要求返还定金；收受定金的一方不履行约定债务的，应当双倍返还定金。"而预付款则没有类似于定金罚则的效力。例如，如果是定金合同，那么如果支付定金的一方不履行自己的义务，则无权要求返还定金；但如果支付的是预付款不履行义务时，预付款需要返还。从所有权的转移来看，定金支付后，定金的所有权未发生转移，而预付款支付后，其所有权发生转移。从产生的基础来看，定金的支付是定金合同成立的前提，而预付款仅是合同的一部分，属于合同义务的履行。

综上所述，预付款是履行债务，履行合同给付义务的一部分，且不具有罚则效力，预付款支付后，其所有权发生转移。

②预付款是无息贷款

工程预付款是适应建设工程生产活动的特点和客观规律运用而生的一种计价、付款方式。预付款的性质应该为发包人为帮助承包人顺利启动项目而提供的无息贷款。具体理由：以国际咨询工程师联合会（FIDIC）为代表的国际惯例明确了预付款的法律性质是贷款，并且是无息贷款。99 版红皮书第 14.2 款规定：“当承包商按照本条款提交一份保函后，雇主应支付一笔预付款（ADVANCE PAYMENT），作为用于动员的无息贷款（INTEREST-FREE LOAN）。预付款总额、分期付款的次数，以及适用的货币和比例，应在投标书附录中进行规定。可见，预付款的法律性质为无息贷款，并不是发包人支付给承包人的工程款，预付款使发承包双方之间形成的借贷法律关系。

（3）预付款的作用

①预付款抵御通货膨胀

由上文预付款的定义可知：预付款必须专用于合同工程。仅用于购买合同工程施工所需的材料、工程设备及组织施工机械和人员进场等。因此，若预见到施工所需的材料、工程设备有通货膨胀的可能，则提前购入相应材料、设备等可以规避未来物价上涨引起的风险。开工前，承包人使用预付款购置合同工程的材料、施工设备等，可以发挥抵御通货膨胀的作用。

关于预付款的支付作用中，有控制风险。那么问题是：如果是固定总价合同，业主可否因为有预付款而不予调整施工过程中的材料价格引起的工程造价的改变？

合理利用预付款可以达到抵御通货膨胀的作用，但预付款的性质是合同义务的履行，是一种支付手段，其目的是解决合同一方周转资金短缺并作为合同履行的诚意。依据《建设工程施工合同（示范文本）》（GF-1999—0201）、《建筑工程施工发包与承包计价管理办法》（建设部令第 107 号）、《建设工程价款结算暂行办法》（财建［2004］369 号）对固定价格合同的规定可知，在约定的风险范围内合同价款不再调整。风险范围以外的合同价款调整方法，应当在专用条款内约定。承包方的报价以发包方的详细的设计图纸及计算为基础，并考虑到一些费用的上升因素，如图纸及工程要求不变动则总价固定。但当施工总图纸或工程质量要求有变更，或工期要求提前，则总价也应改变。因此，预付款与工程价款调整没有必然联系。若合同约定物价波动可以调整，则应该调整。

②预付款参与投资回报率计算

有融资性质的工程项目中，尤其是BT项目，预付款从项目初期便参与投资回报率的计算，可以提高投资方的投资回报率。这个也容易理解，上文说到预付款的法律性质为无息贷款而非工程款的支付，在发承包双方之间形成借贷法律关系。这笔贷款为无息贷款，因此在扣回时不考虑资金的时间价值。

2. 工程预付款的支付与扣回程序

为了更好进行预付款的支付，发承包双方应在合同签订过程中，对预付款的支付时间及支付程序，扣回方式等具体内容做出明确的约定。在不同的合同中，发承包双方会根据实际情况针对各项内容约定不同的方式，如表7-1所示。

表7-1　不同合同文件和计价规范对预付款支付与扣回的规定

名称	建设工程施工合同示范文本	369号文	13版《清单计价规范》
颁布年	1999	2004	2013
条款号	第26条	第十二条	10.1

续表

名称	建设工程施工合同示范文本	369 号文	13 版《清单计价规范》
具体内容	实行工程预付款的，双方应当在专用条款内约定发包人向承包人预付工程款的时间和数额，开工后按约定的时间和比例逐次扣回。预付时间应不迟于约定的开工日期前 7 天。发包人不按约定预付，承包人在约定预付时间 7 天后向发包人发出要求预付的通知，发包人收到通知后仍不能按要求预付，承包人可在发出通知后 7 天停止施工，发包人应从约定应付之日起向承包人支付应付款的贷款利息，并承担违约责任	（二）在具备施工条件的前提下，发包人应在双方签订合同后的 1 个月内或不迟于约定的开工日期前的 7 天内预付工程款，发包人不按约定预付，承包人应在预付时间到期后 10 天内向发包人发出要求预付的通知，发包人收到通知后仍不按要求预付，承包人可在发出通知 14 天后停止施工，发包人应从约定应付之日起向承包人支付应付款的利息（利率按同期银行贷款利率计），并承担违约责任	10.1.3 承包人应在签订合同或向发包人提供与预付款等额的预付款保函（如有）后向发包人提交预付款支付申请； 10.1.4 发包人应在收到支付申请的 7 天内进行核实后向承包人发出预付款支付证书，并在签发支付证书后的 7 天内向承包人支付预付款； 10.1.5 发包人没有按合同约定按时支付预付款的，承包人可催告发包人支付；发包人在预付款期满后的 7 天内仍未支付的，承包人可在付款期满后的第 8 天暂停施工。发包人应承担由此增加的费用和（或）延误的工期，并向承包人支付合理利润； 10.1.6 预付款应从每一个支付期应支付给承包人的工程进度款中扣回，直到扣回的金额达到合同约定的预付款金额为止

通过对比可知，预付款的支付一般都为开工前 7 天，承包人若不按约定进行支付预付款，则承包人有权在预付款期满后仍不支付时暂停施工，发包人应承担由此增加的费用和（或）延误的工期，并向承包人支付合理利润。

《建设工程工程量清单计价规范》（GB 50500—2013）对于预付款支付程序的规定较为详细，依据《建设工程工程量清单计价规范》（GB 50500—2013）中对预付款的相关规定，绘制预付款支付流程如图 7-1 所示，预付款扣回流程如图 7-2 所示。

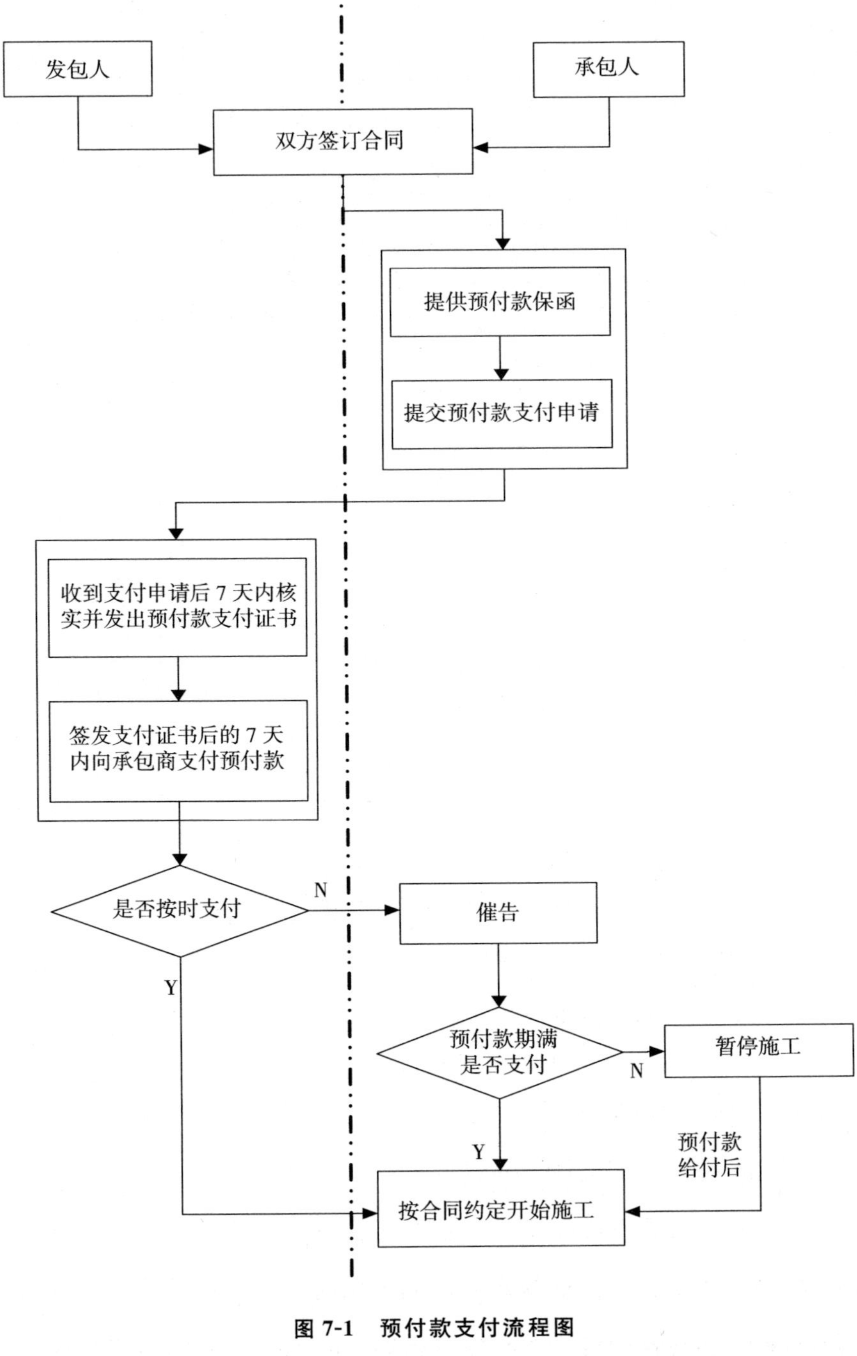

图 7-1　预付款支付流程图

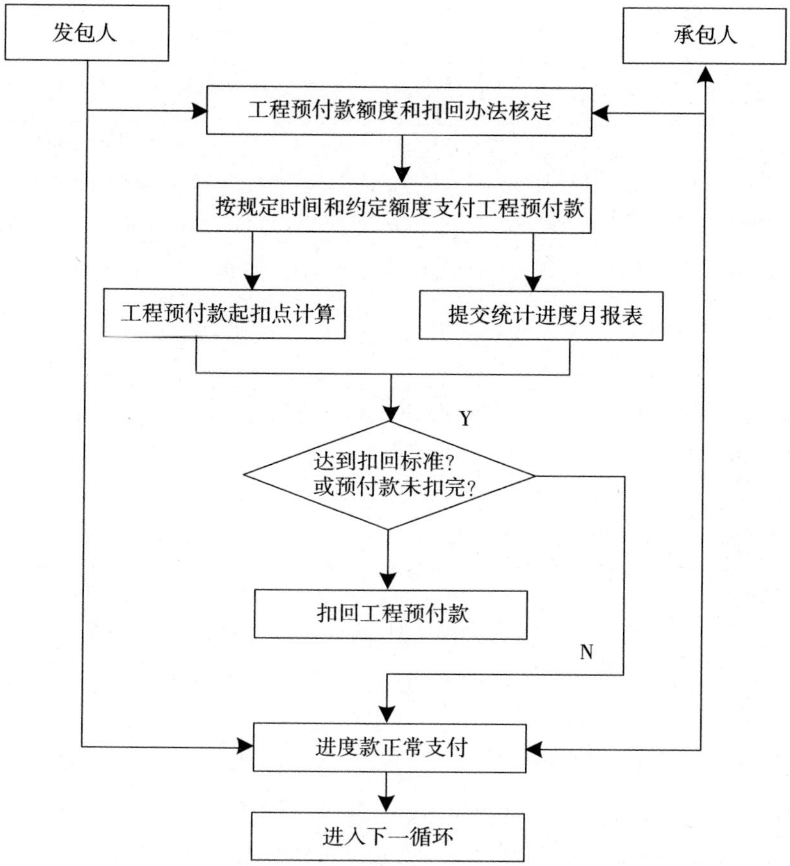

图 7-2　预付款扣回流程图

7.1.2　精细化管理程序

1. 工程预付款的支付

(1) 工程预付款支付金额

预付款的支付额度在不同合同文件和计价规范中的规定略有不同，但一般规章和文件的规定是：包工包料工程的预付款的支付比例不得低于签约合同价（扣除暂列金额）的 10%，不宜高于签约合同价（扣除暂列金额）的 30%，如表 7-2 所示。

表 7-2　不同合同文件和计价规范对预付款额度的规定

比较项	369 号文	56 号令	13 版《清单计价规范》
条款号	第十二条（二）	17.2	10.1.2
颁布年	2004	2007	2013
条款内容	包工包料工程的预付款按合同约定拨付，原则上预付比例不低于合同金额的 10%，不高于合同金额的 30%，对重大工程项目，按年度工程计划逐年预付	预付款的额度和预付办法在专用合同条款中约定	包工包料工程的预付款的支付比例不得低于签约合同价（扣除暂列金额）的 10%，不宜高于签约合同价（扣除暂列金额）的 30%

在实际工作中，预付款的支付额度，要根据各工程类型、合同工期、承包方式、主材比重等不同条件而定。一般来说，主要材料在工程造价中所占比重高的项目，预付款的数额也要相应提高。例如，工业项目中钢结构和管道安装占比重较大的工程，其主要材料所占比重比一般安装工程要高，因而预付款数额也要相应提高。工期短的工程比工期长的工程预付款要高；材料由承包人自行购置的比由发包人供应的预付款要高；只包工不包料的工程项目，则可以不预付工程款。

此外还应该注意各文件和规章的适用范围，大多数的文件和规章适用于政府投资项目，而私人投资项目的工程预付款的比例可在合同中进行自我约定预付款的比例。

在实际工程中，预付款数额准确、合理的确定是进行工程投资控制的一项重要工作，具体的预付款确定方法如下：

①按合同中约定的数额

发包人根据工程的特点、工期长短、市场行情、供求规律等因素，招标时在合同条件中约定工程预付款的百分比，按此百分比计算工程预付款数额。

②影响因素法

将影响工程预付款数额的每个因素作为参数，按其影响关系，进行工程预付款数额的计算，计算公式为：

$$A=\frac{BK}{T}\times t \quad \text{式 7-1}$$

式中 A——工程预付款数额；

B——年度建筑安装工作量；

K——材料比例，即主要材料和构件费占年度建筑安装工作量的比例；

T——计划工期；

t——材料储备时间，可根据材料储备定额或当地材料供应情况确定。

③额度系数法

将影响工程预付款数额的因素进行综合考虑，确定一个系数，即工程预付款额度系数 λ，其含义是工程预付款额占年度建筑安装工作量的百分比。其计算公式为：

$$\text{工程预付款额度系数}=\frac{\text{工程预付款数额}}{\text{年度建筑安装工程量}}\times 100\% \quad \text{式 7-2}$$

于是可得出工程预付款数额，即：

工程预付款数额＝工程预付款额度系数×年度建筑安装工程量

包括工程类别、施工期限、建筑材料和构建生产供应情况，通

常取 $\lambda=20\%\sim30\%$。

对于装配化程度较高的项目，需要的预制钢筋混凝土构件、金属构件、木制品、铝合金和塑料配件较多，工程预付款的额度适当加大。

（2）工程预付款支付方式

预付款的支付时间应是发承包双方在合同专用条款中进行约定的重要内容之一。目前针对这一支付时间在《08清单计价规范规范条文说明》、《建设工程价款结算暂行办法》（财建［2004］369号）、《建设工程施工合同（示范文本）》（GF-1999—0201）和《建设工程工程量清单计价规范》（GB 50500—2013）中都给出了较明确的规定，具体规定内容如表7-3所示。

表7-3 不同合同文件和计价规范对工程预付款支付时间的规定

名称	建设工程施工合同示范文本	369号文	08版《清单计价规范》	13版《清单计价规范》
颁布年	1999	2004	2008	2013
条款号	第26条	第十二条（二）项	条文说明4.5.1第2款	10.1.4
具体内容	预付时间应不迟于约定的开工日期前7天	在具备施工条件的前提下，发包人应在双方签订合同后的一个月内或约定的开工日期前的7天内预付工程款		签发支付证书后的7天内向承包人支付预付款

通过以上法规和合同范本的对比可知，预付款的支付时间可大体规定为：在具备施工条件的前提下，发包人应在双方签订合同后的一个月内或约定的开工日期前的7天内预付工程款。发承包双方应在签订的合同条款中协商约定工程预付款的支付时限，但基本上

应满足以上的期限要求。

但在实际工程中，由于不确定性的因素存在，例如：拆迁工作没有按时完成，则影响施工单位不能按时进场。因此，大多业主约定在开工日期前的7天内预付工程款。

2. 工程预付款的扣回

在《标准施工招标文件》（发改委［2007］第56号）第17.2.3款中对预付款的扣回与还清进行了明确的规定：预付款在进度付款中扣回，扣回办法在专用合同条款中约定。在颁发工程接收证书前，由于不可抗力或其他原因解除合同时，预付款尚未扣清的，尚未扣清的预付款余额应作为承包人的到期应付款。

发包人拨付给承包人的工程预付款属于预支性质，工程实施后，随着工程所需主要材料储备的逐步减少，应以充抵工程价款的方式陆续扣回，扣回的方式必须在合同中约定。预付款扣回方式在不同合同文件和计价规范中的相关规定详如表7-4所示。

表7-4　不同合同文件和计价规范对预付款扣回方式的规定

比较项	369号文	56号令	08版《清单计价规范》	13版《清单计价规范》
颁布年	2004	2007	2008	2013
条款号	12	17.2	4.5.1	10.1.6
扣回方式	预付的工程款必须在合同中约定抵扣方式，并在工程进度款中进行抵扣	预付款在进度付款中扣回，扣回办法在专用合同条款中约定。在颁发工程接收证书前，由于不可抗力或其他原因解除合同时，预付款尚未扣清的，尚未扣清的预付款余额应作为承包人的到期应付款	按照合同约定在工程进度款中抵扣	预付款应从每一个支付期应支付给承包人的工程进度款中扣回，直至扣回的金额达到合同约定的预付款金额为止

根据预付款扣回方式的相关规定，可知在预付款支付过程中需要计算的有：预付款起扣点以及预付款每次扣回额。

（1）预付款起扣点的计算方法

①累积工作量法

该方法是从未施工工程尚需的主要材料及构件的价值相当于工程预付款数额时起扣，从每次结算工程价款中，按材料比重扣抵工程价款，竣工前全部扣清。其计算公式是：

$$T=P-\frac{M}{N} \quad \text{式 7-3}$$

式中　T 为起扣点，即工程预付款开始扣回时的累计完成工程价值；

M 为工程预付款数额；

N 为主要材料费比重；

P 为承包工程价款总额。

当已完工程超过开始扣回工程预付款时的工程价值时，就要从每次进度款结算中陆续扣回预付的工程款，首次应扣回的预付款数额的计算公式是：

$$A=(C-T)\times N \quad \text{式 7-4}$$

式中　A 为第一次应扣回的预付款数额；

C 为累计已完工程价值；

T 为开始扣回预付款时的工程价值；

N 为主要材料费比重。

以后每次应扣回预付款数额的计算公式是：

$$F=V\times N \qquad \text{式 7-4}$$

式中 F 为以后每次应扣回的预付款；

V 为每次结算的已完工程价值；

N 为主要材料费比重。

②工作量百分比法

在承包方完成金额累计达到合同总价的一定比例后（《建设项目全过程造价咨询规程条文说明》中建议该比例为 10％），由承包方开始向发包方还款，发包方从每次应付给承包方的金额中扣回工程预付款，发包方至少在合同规定的完工期前一定时间内（《建设项目全过程造价咨询规程条文说明》中建议该时间为 3 个月）将工程预付款的总计金额按逐次分摊的办法扣回。

根据定义，建筑安装工程累计完成的建筑安装工程量 T，占年度建筑安装工作量的百分比达到起扣点的百分比时，开始扣还工程预付款，设其为 R，则有：

$$R=\frac{T}{P}\times 100\% \qquad \text{式 7-6}$$

将累计工作量法起扣点 T 的计算公式带入得：

$$R=\left(1-\frac{M}{PN}\right)\times 100\% \qquad \text{式 7-7}$$

以上所求的百分比应在由发承包双方在合同中进行具体约定：如规定当工程进度达到 60％时开始抵扣工程预付款。

发承包双方也可在合同专用条款中约定扣回方法。一般约定的扣回方法为当承包人完成金额累计达到合同总价的一定比例时，发包人即在未来支付的工程价款中进行预付款的扣回，且一般采用逐次扣回的方式来回收工程预付款。例如：建设部《招标文件范本》中规定，在承包人完成金额累计达到合同总价的10%后，由承包人开始向发包人还款，发包人从每次应付给承包人的金额中扣回工程预付款，发包人至少在合同规定的完工前三个月将工程预付款的总计数额按逐次分摊的办法扣回。

在实际经济活动中，情况比较复杂，有些工程工期较短，就无需分期扣回；有些工程工期较长，如跨年度施工，工程预付款可以不扣或少扣，并于次年按应付工程预付款调整，多退少补。具体地说，跨年度工程，预计次年承包工程价值大于或相当于当年承包工程价值时，可以不扣回当年的工程预付款；如小于当年承包工程价值时，应按实际承包工程价值进行调整，在当年扣回部分工程预付款，并将未扣回部分转入次年，直到竣工年度，再按上述办法扣回。

在颁发工程接收证书前，由于不可抗力或其他原因解除合同时，尚未扣清的预付款余额应作为承包人的到期应付款。

（3）支付百分比法

支付百分比法，是在合同中预先规定当期中支付款累计额度达到合同中标金额一定比例时，预付款必须扣还完毕。计算公式如下：

$$R=\frac{A(C-aS)}{(b-a)S} \qquad \text{式 7-8}$$

式中　R 表示在每个期中支付证书中累计扣还的预付款总数；

A 表示预付款的总额度

S 表示中标合同金额

C 表示截止每个期中支付证书中累计签证的应付工程款总数，该款额的具体计算方法取决于合同的具体规定。如：是在扣除保留金之前或者之后的（一般不包括保留金）还是调价之前还是之后（一般为调价之前）。C 的取值范围为：$aS<C<bS$

a 表示期中支付额度累计达到整个中标合同金额开始扣还预付款的那个百分数；

b 表示当期中支付款累计额度（同样该款额的具体计算方法取决于合同的具体规定）等于中标合同金额的一个百分数，到此百分数，预付款必须扣还完毕。

此公式的最大优点就是在确定了归还条件后，能准确地将每次应归还的预付款计算出，具有很大的操作性与实用价值。

（4）预付款每次扣回额

预付款的每次扣回额，在实际中一般有三种扣回方式：

①等值扣回法。即规定在工程中期支付证书中工程量清单累计金额超过合同价值 10% 的当月开始扣回，止于合同规定竣工日期前 3 个月的当月，在此期间，从中期支付证书中逐月按等值扣回。也有规定是完全按照签约合同价的完成比例进行约定。例如，开工预付款在进度付款证书的累计金额未达到签约合同价的 10%之前不予扣回，在达到签约合同价的 10%开始到合同规定竣工日期前 3 个月，每月从进度款中等额扣回。总的来说就是，约定起扣点和结束扣回时间，在每个支付周期内把预付款等值扣回。

②固定比例法，也叫“超一扣二”法。开工预付款在进度付款证书的累计金额未达到签约合同价的 30% 之前不予扣回，达到签约合同价 30%后，开始按工程进度以固定比例（每完成签约合同价

的1%，扣回开工预付款的2%）分期从各月的进度付款证书中扣回，全部金额在进度付款证书的累计金额达到签约合同价的80%时扣完。

③等比例扣回。即在每次进度款支付中，都按原比例进行扣回，直到扣完为止。

7.1.3　精细化管理措施

1. 预付款保函的使用

发承包双方在施工合同中应约定承包人在收到预付款前是否需要向发包人提交预付款保函、预付款保函的形式、预付款保函的担保金额、担保金额是否允许根据预付款扣回的数额相应递减等内容。一般地预付款保函金额始终保持与预付款等额，即随着承包人对预付款的偿还逐渐递减保函金额。例如，《标准施工招标文件》（发改委［2007］第56号）第17.2.2规定：除专用合同条款另有约定外，承包人应在收到预付款的同时向发包人提交预付款保函，预付款保函的担保金额应与预付款金额相同。保函的担保金额可根据预付款扣回的金额相应递减。预付款保函的形式通常包括银行保函、担保公司担保、保证金等。

预付款保函作为对发包方预付款安全的一种保障措施，其本质体现为发包方对承包方违约风险的转移。通过承包方提供的预付款保函，当承包方不履行其责任或拒绝退还预付款时，发包方可向银行索要赔偿。为了保证这一目的的顺利实现，承包方提供的预付款保函金额一般应与发包方支付的工程预付款的金额相等，但也可根据工程的具体情况由发承包双方在合同中协商约定。

2. 预付款支付注意事项

预付款支付及扣回过程中，发承包双方应注意的事项有：

①发承包双方在签订合同的过程中，有关预付款关键内容的约定条款应科学合理，要注重结合工程本身的特点、合同双方的实际情况以及招投标阶段的相关文件资料。

②发包方要严格审核工程预付款的实际使用情况，避免承包方将预付款挪作他用。发包方应制定预付款的定期审核机制。如：对承包方的购买材料发票进行核实，发现其中的错票，重票。根据工程施工的实际进度来核对预付款资金的使用进度。

③发包方在进行承包商月进度报表的审核时应按照合同的约定，当进度款的支付进度达到约定的比例时及时进行工程预付款的扣回。

3. 预付款违约责任的处理

工程预付款的支付与扣回是业主方进行价款管理的主要工作之一。对该项工作控制的效果直接影响着价款管理的程度。因此，预付款的支付与扣回应避免产生违约现象的发生。这其中既包括业主方未及时支付工程预付款的违约，也包括承包商将预付款挪作他用或收到预付款后不履行其施工职责的违约情况。针对各方的违约情况，国家的法律法规及合同范本都做出了较详细的处理措施。

建设部颁布的《招标文件范本》中规定，工程预付款仅用于乙方支付施工开始时与本工程有关的动员费用。如乙方滥用此款，甲方有权立即收回。《08 版《清单计价规范》条文说明》、《建设工程价款结算暂行办法》（财建［2004］369 号）及《建设工程施工合同（示范文本）》（GF-1999—0201）均对发包人未及时支付预付款的情况做出规定，如表 7-5 所示。

表 7-5　　对发包人未及时支付预付款情况的处理

名称	369 号文	08 版《清单计价规范》	13 版《清单计价规范》
颁布年	2004	2008	2013
条款号	第十二条	条文说明 4.5.1	10.1.5
具体内容	发包人不按约定预付，承包人应在预付时间到期后 10 天内向发包人发出要求预付的通知，发包人收到通知后仍不按要求预付，承包人可在发出通知 14 天后停止施工，发包人应从约定应付之日起向承包人支付应付款的利息（利率按同期银行贷款利率计），并承担违约责任	若发包人未按合同约定预付工程款，承包人应在预付时间到期后 10 天内向发包人发出要求预付的通知，发包人收到通知后仍不按要求预付，承包人可在发出通知 14 天后停止施工，发包人应从约定应付之日起按同期银行贷款利率计算向承包人支付预付款的利息，并承担违约责任	发包人没有按合同约定按时支付预付款的，承包人可催告发包人支付；发包人在预付款期满后的 7 天内仍未支付的，承包人可在付款期满后的第 8 天起暂停施工。发包人应承担由此增加的费用和（或）延误的工期，并向承包人支付合理利润

通过以上法规和合同范本的对比可见，针对发包人未支付预付款情况的处理程序基本相同，只是在具体的处理时限规定上略有不同。发承包双方应在合同条款中对处理时限进行明确的约定，以避免工程施工中的纠纷。根据以上条款的规定可得出：当合同一方违约时，合同的另一方可采取的应对措施如图 7-3 所示。

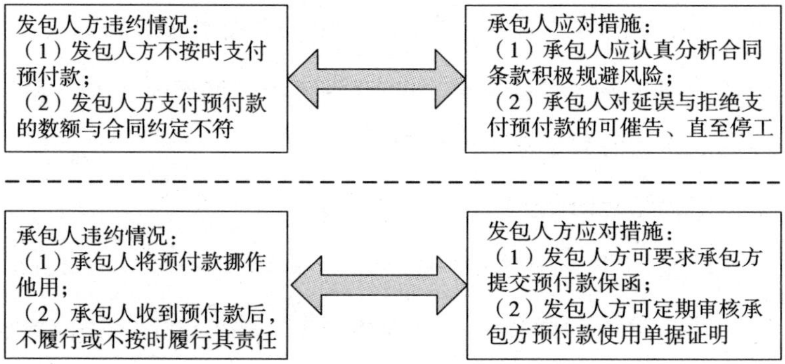

图 7-3　合同违约情况及应对措施分析图

7.2 进度款支付的精细化管理

7.2.1 精细化管理依据

1. 工程计量及工程进度款支付概念

（1）工程计量的概念

99版FIDIC属于重新计量合同（Re-measurement Contract），即工程量清单中的工程量为业主估算工程量，业主不保证其准确无误，需要对完成的工作内容进行最终的重新计量。

重新计量的概念与我国合同文本中的工程计量概念相一致。《标准施工招标文件》（发改委［2007］第56号）第17.1.4条规定：已标价工程量清单中的单价子目工程量为估算工程量。结算工程量是承包人实际完成的，并按合同约定的计量方法进行计量的工程量。

《建设工程工程量清单计价规范》（GB 50500—2013）对工程计量进行了更为明确的定义。《建设工程工程量清单计价规范》（GB 50500—2013）中第2.0.43条规定：工程计量是发承包双发根据合同约定，对承包人完成合同工程的数量进行的计算和确认。

由此可知，工程计量是依据合同约定的计量规则和方法对承包人实际完成工程的数量进行确认和计算。

（2）工程计量的范围

《建设工程工程量清单计价规范》（GB 50500—2013）第8.2.2条规定：施工中工程计量时，若发现招标工程量清单中出现缺项、工程量偏差，或因工程变更引起工程量的增减，应按承包人在履行合同义务中完成的工程量计算。

《建设工程价款结算暂行办法》第十三条（二）条规定：对承包人超出设计图纸（含设计变更）范围和因承包人原因造成返工的工程量，发包人不予计量。

根据《建设工程工程量清单计价规范》（GB 50500—2013）强制条文 4.1.2 条规定：招标工程量清单必须作为招标文件的组成部分，其准确性和完整性由招标人负责。可知在工程量清单计价模式下，发包人承担工程量的风险。由于发包人依据施工图设计编制的招标文件中的工程量只是估算量，在施工过程中会出现实际工程量与清单工程量不一致的情况，包括清单错项、漏项、设计变更引起的工程量增减等。所以应计量的范围是：承包人实际完成的工程量，除去承包人超出设计图纸（含设计变更）范围和因承包人原因造成返工的工程量。

（3）工程计量的性质

工程计量具有多次性。工程交易阶段，造价工程师会依据设计图纸按照统一的计量规则计算图纸工程量，该工程量为承包商投标报价时的工程量。如果是采用单价合同方式，该工程量清单中的工程量只是暂估工程量。FIDIC 红皮书即为单价合同，其中 14.1 条规定：工程量清单或其他报表中列出的任何工程量仅为估算的工程量，不得将其视为：(I) 要求承包商实施该工程的实际或正确的工程量，或者 (II) 用于第 12 条［测量和估价］目的的实际或正确的工程量。《标准施工招标文件》（发改委［2007］第 56 号）第 17.1.4 条规定：已标价工程量清单中的单价子目工程量为估算工程量，结算工程量是承包人实际完成的，并按合同约定的计量方法进行计量的工程量。

工程实施阶段的工程计量是对承包商已经实施的工作，按照合同约定程序由发承包双方或者其代表实地测量所得的工程数量。按照FIDIC合同条件的约定，测量的目的是确定工程的支付价值。经过测量程序后，如果双方对测量结果没有异议，就认为测量所得的工程量为准确的并被接受的工程量。但是，在国内的合范本中却无类似规定，这是因为在我国工程造价计价一直沿用估算—概算—预算—结算—决算多次计价模式。在施工过程中的工程计量只是用于工程进度款的支付。

（4）工程进度款的概念

《建设工程工程量清单计价规范》（GB 50500—2013）中第2.0.49条规定：进度款是发包人在合同工程施工过程中，按照合同约定对付款周期内承包人完成的合同价款给予支付的款项，也是合同价款期中结算支付。

（5）工程进度款的性质

通过进度款的概念可知，进度款是合同价款期中结算支付。在99版FIDIC《施工合同条件》中，期中付款用的词是Interim Payment。同时根据99版FIDIC《施工合同条件》第14.6条规定：工程师可在任何支付证书中对任何以前的证书给予恰当的改正或修正。支付证书不应被视为是工程师的接受、批准、同意或满意的意思表示。工程师签发的支付证书只表明，工程师同意支付临时款项的数额，并不表示他完全认可了承包商完成的工作质量。这样规定的主要目的是为了避免承包商的投机行为。

2. 工程计量及工程进度款支付程序

（1）工程计量程序

承包商按照计量规则对已完工程进行计量，并对施工过程中形成的计量资料进行收集。在每个计量周期合同约定的时间内对向监理人提交进度款申请表，相关计量资料一并提供，监理人对承包人提交的计量资料进行核对和检查。如果监理人通过核查对承包人提交的计量数据及资料认可，那么经过监理人的确认，承包人提交的工程量就可以作为结算工程量。如果监理人对承包人提交的计量数据及资料存在异议，则需要组织工程量的复查。监理人应在复查前向承包人发出合理通知。承包人在收到通知单后，应该准备测量所需的相关资料，并派代表参加现场测量。在测量过程中，发包人负责测量记录。承包人对记录结果进行检查和协商，发承包双方达成一致后，对记录结果签字确认。如果该承包人未到现场，发包人的记录被认为是准确的，予以认可。承包人检查后不同意计量记录中结果的，应说明认为不准确的部分。监理人应该对争议部分进行审查，并对最终记录结果予以确认或更改。

(2) 工程进度款支付程序

进度款的支付周期与计量周期相同。《标准施工招标文件》（发改委［2007］第 56 号）中对于计量周期的约定为单价子目按月计量，总价子目按照支付分解报告确定的周期进行计量。在每个计量支付周期期末进行进度款的支付申请工作。进度款的支付程序如图 7-4 所示。

进度款的支付程序中涉及两个重要的因素：审核权限和审核时间问题。通过分析进度款的支付程序，进度款的支付过程中共有两次审核。第一次是监理方对承包人提交的进度付款申请单及相应资料的审核。第二次审核为发包人对监理确定的支付金额的审核。监

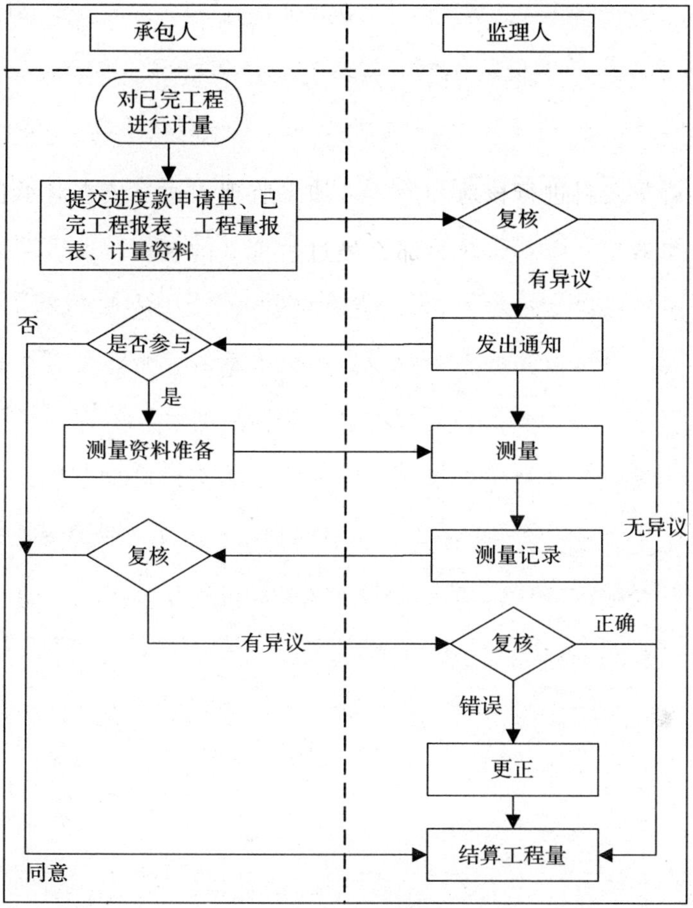

图 7-4　工程测量程序

理人的审核重点包括两方面：对进度付款申请表中支付内容金额的确定，；对支持性证明文件的审核。支持性的证明材料主要有工程量统计表、工程签证表、材料采购发票等。发包人的审核一般涉及发包人内部多个部门，不同部门之间的审批权限和作用有所区别。为了防止发包人恶意拖延工程进度款的支付，在合同中会约定进度款的审核与支付期限。《建设工程价款结算暂行办法》中已完工程量的核实工作先于工程进度款申请完成。已完工程量核实期限为14天，发包人核实后的工程量作为工程价款支付的依据。在承包人向发包人提出支付工程进度款申请14天内，发包人应按不低于工程价款的60%，不高于工程价款的90%向承包人支付工程价款。通过上述分析，《建设工程价款结算暂行办法》中工程进度款的支付期限为28天。《标准施工招标文件》中工程量的审核工作在进度付款申请之后由监理人完成，工程量的审核及应付进度款的金额确定需要14天内完成。发包人支付期限为承包人提交进度付款申请单28天内。综上所述，目前国内承包人从完成工程计量到取得工程进度款的最高期限为28天。承包人为了保证工程的顺利进行，至少应准备计量周期+28天的周转资金。进度款支付程序如图7-5所示。

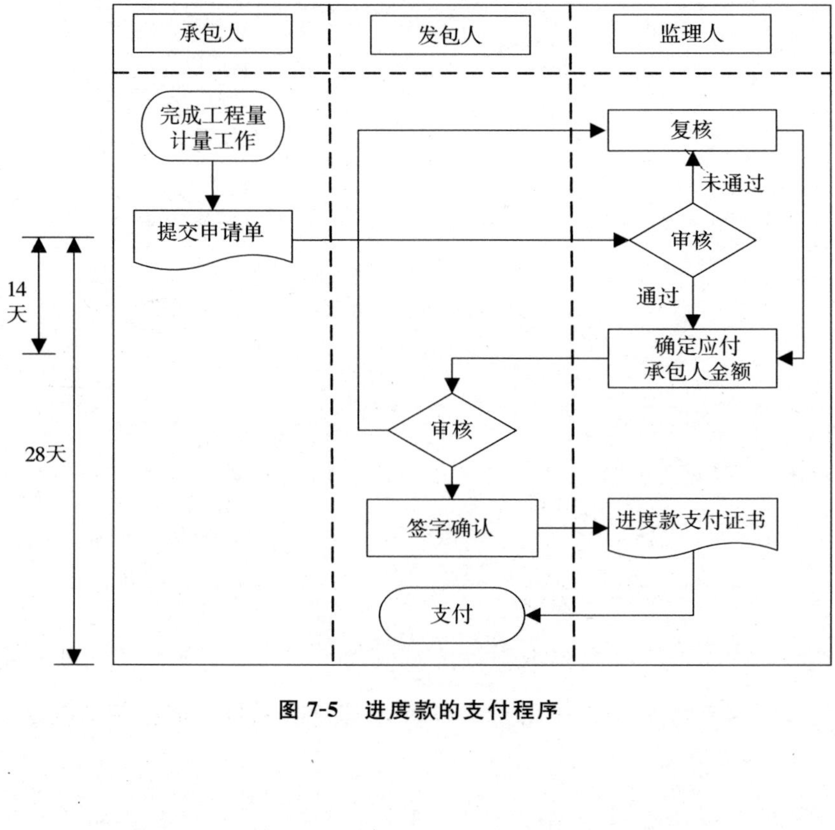

图7-5 进度款的支付程序

在对以往历次已经签发的进度款证书进行汇总和复核的过程中发现错、漏重复的，监理有权予以修正，承包人也有权提出修正申请。经双方复核同意的修正，应在本次进度款中支付或扣除。进度款的修正程序如图 7-6 所示。

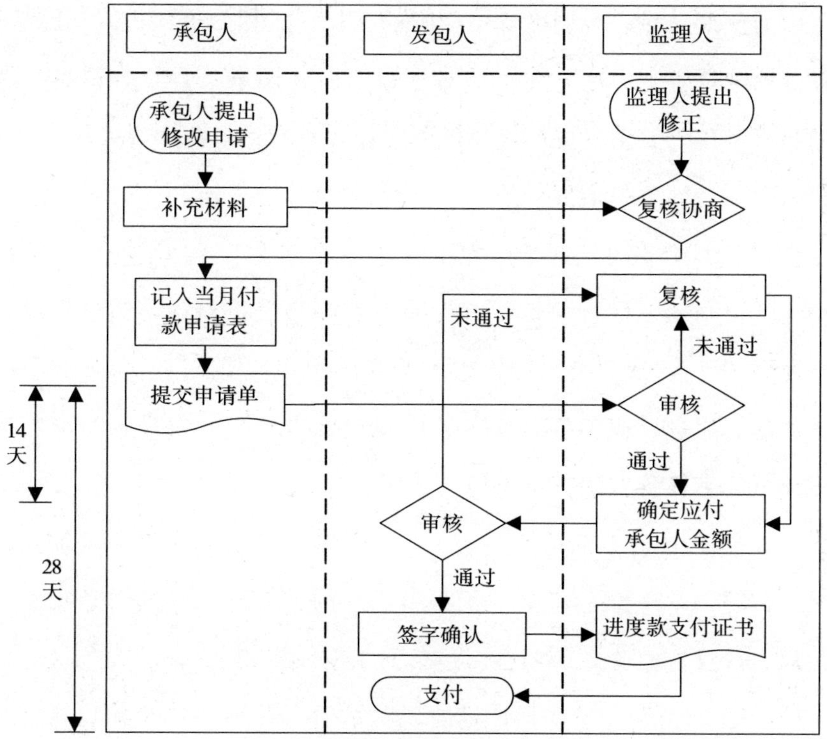

图 7-6 进度款修正程序图

7.2.2 精细化管理程序

1. 工程计量的方法

（1）单价子目计量方法

单价子目是工程量清单中以单价计价的项目，即根据合同图纸

（含设计变更）和国家现行相关工程计量规范规定的工程量计算规则进行计算，与已标价工程量清单相应综合单价进行价款计算的项目。

①计量范围

工程师一般只对以下三个方面的工程项目进行计量：工程量清单中的全部项目；合同文件中规定的项目；工程变更项目。《建设工程价款结算暂行办法》中规定对于超出设计图纸（含设计变更）范围和因承包人原因造成的返工的工程量，不在计量范围内。

②工程计量的依据

a. 质量合格书。对于已完工程，经过专业工程师检验，工程质量达到合同规定的标准后，有专业工程师签署报检申请表（质量合格证书），只有质量合格的工程才予以计量。未经监理人员质量验收合格的工程量，或不符合施工合同规定的工程量，监理人员应拒绝该部分的工程价款的支付申请。

b. 工程量清单及技术规定。工程量清单前言和技术规范的“计量支付”条款规定了清单中每一项工程的计量方法，同时还规定了按规定计量方法确定的单价所包括的工作内容和范围。

c. 设计图纸。工程师计量的工程数量，并不一定是承包商实际实施施工的数量。计量的集合尺寸要以设计图纸为依据，工程师对承包商超出设计图纸要求增加的工程量和自身原因造成返工的工程量，应不予计量。

③计量方法

工程计量的准确性直接影响着工程进度款支付工作的开展，而科学、合理的工程计量方法是保证计量结果准确的前提。目前常用的工程计量方法有以下几种：

a. 实地测量计量法。是采用符合规定的测量仪器，对已完成工程按合同相关规定进行实地测量并计算工程量的一种工程计量方法。例如土方工程，一般对横断面宽度、挖方的边长等需实地测量和勘察，又例如场地清理，也需按野外实测的数据根据计算规则进行计算。

b. 图纸记录计算法。是根据施工图和现场监理工程师签认的签证、变更单进行计算工程量的一种工程计量方法。如对钢筋、工程结构物等内容的计量时，通常可采用此方法。

c. 分解计量法。所谓分解计量法，就是将一个项目，根据工序或部位分解为若干子项，对完成的各子项进行计量支付。这种计量方法主要是为了解决一些包干项目或较大的工程项目的支付时间过长，影响承包商的资金流动等问题。

d. 凭据法。所谓凭据法，就是按照承包商提供的凭据进行计量支付。如建筑工程险保险费、第三方责任险保险费、履约保证金等项目，一般按凭据法进行计量支付。

(2) 总价子目计量方法

总价子目就是在已标价工程量清单中以项或总额计量单位、以总价计价的子目，一般用于不能按照约定的工程量计算规则确定数量的子目。《清单计价规范》中的总价子目主要集中在措施项目清单部分。

总价子目的支付分解表形成一般有以下三种方式：一是，对于工期较短的项目，将各个总价子目的价格按照合同约定计量周期平均；二是对合同价值不大的项目，按照总价子目的价格占签约合同价的百分比，以及各个支付周期内所完成的单价子目的总价值，以固定百分比方式均摊支付；三是根据有合同约束力的进度计划、预先确定的里程碑形象进度节点（或者支付周期）、组成总价子目的价格要素的性质（与时间、方法和当前完成合同价值等的关联性），将总价子目的价格分解到各个形象进度节点（或者支付周期中），汇总形成支付分解表，经监理人审核批准后，产生合同约束力。实际支付时，由监理人检查核实其形象进度，达到支付分解表的要求后，即可支付经批准的每阶段总价子目的支付金额。第三种方式是比较公平合理的做法，该方式的支付分解表一般应依据工程实际进度完成情况，随进度计划的调整，定期进行适当的修正。

2. 工程计量的审核

发包人审核承包人提交的进度款支付申请是进度款支付程序中的重点，发包人在审核承包人提交的进度款支付申请时，应注意以下几项内容：

（1）审核分部分项工程综合单价

发包人应审核每一分部分项工程综合单价的正确性。对于施工过程中未发生变化的分部分项工程，其综合单价应按照投标文件中给出的综合单价计取；施工过程中因法规、物价波动、工程量清单内容错项、漏项、设计变更、工程量增减等原因引起的综合单价发生变化的分部分项工程，其综合单价要严格按照合同约定的调整方法进行调整，并且需经过发承包双方的确认，避免承包人出现高报、重报的现象。例如，08版《清单计价规范》第4.7.3条规定：合同中没有适用或类似单价，由承包人提出综合单价，经发包人确认后执行。尤其对施工过程中出现的新增工程量清单项目，需要着重对其综合单价进行确认。

（2）审核形象进度或分阶段工程工程量

对于签订总价合同的工程或作为总价子目支付的单项工程，发包人应审核每一支付周期内承包人实际完成的工程量，对照在合同专用条款中约定的合同总价支付分解表所表示的阶段性或分项计量的支持性资料，以及所达到工程形象目标或分阶段需完成的工程量和有关资料进行审核，达到支付分解表要求的支付进度款，未达到要求的应相应减少支付金额。

（3）审核计日工金额

发包人应审核本支付周期内计日工的数量，依据现场签证或变更报价单上双方确认的计日工的数量，按照投标文件中计日工的综合单价计算本支付周期内应支付的计日工金额。

（4）审核进度款支付比例

发包人应审核进度款支付的比例。其比例应按照合同约定，《建设工程工程量清单计价规范》（GB 50500—2008）和《建设工程价款结算暂行办法》（财建［2004］369 号）均规定不低于工程价款的 60%，不高于工程价款的 90%。审核时发包人要对照本支付周期内应计量的工程量、应支付的进度款，按照合同中约定的比例进行核算，既不能向承包人多付进度款，又要保证承包人的资金周转，避免因资金不到位而影响工程的质量及进度。

（5）审核应抵扣的预付款

发包人应审核是否在本支付周期内抵扣预付款。如果需要，则应按照合同约定的方法详细计算本支付周期应抵扣的预付款的具体数额。

（6）审核应扣除的质量保证金

发包人应审核在本支付周期内应扣除的质量保证金。质量保证金的扣除方法和扣除比例应按照合同约定计算。

（7）其他审核注意事项

发包人在审核进度款支付申请的过程中还应注意以下几点：承包人要求对不能计量的工程量，（即承包人超出设计图纸（含设计变更）范围和因承包人原因造成返工的工程量）要求支付的，不能支付；承包人未经发包人同意，擅自将部分主体工程或非主体工程分包，不能支付；工程质量不合格的部分不能支付。

7.2.3 精细化管理措施

1. 工程进度款支付方式

（1）单价项目支付方式

①工程量百分率完成法。工程量百分率完成法是指根据每月完成的单价项目工程值占该措施项目总的预算值的百分数支付的一种方法。

以量计量的措施项目同样可以采用此法。根据对应的措施项目的实际完成工程量占总工程量的百分比可以求出此类活动的实际完成百分比，然后用该项措施项目的总价乘以这个百分率就可得到所应支付的本月该项措施项目费，按百分率完成法支付。

②形象进度点法。形象进度点法是指在工程实施过程中，设置一个个形象进度控制点，当工程进展到每一个形象进度时，计算已完成的工程量，支付该措施项目费用的工程进度款。

（2）总价措施项目支付方式

①安全文明施工费的支付

承包人应对安全文明施工费专款专用，在财务账目中单独列项备查，不得挪作他用，否则发包人有权要求其限期改正；逾期未改正的，造成的损失和（或）延误的工期由承包人承担。

a. 安全文明施工费支付的监督机制。

根据建设部的颁发的《建筑工程安全防护、文明施工措施费用及使用管理规定》（建办［2005］89 号），合同工期在一年以内的，建设单位预付安全防护、文明施工措施费用不得低于该费用总额的 50%；合同工期在一年以上的（含一年），预付安全防护、文明施工措施费用不得低于该费用总额的 30%，其余费用应当按照施工进度支付。

安全文明施工费的预付要在建设单位、监理工程师和施工单位之间透明化，因此要严格按照合同中规定的预付款限额执行。监理工程师应审查施工组织设计及安全专项方案中相关措施与措施费用的相符性，同时督促建设单位按合同约定及时向施工单位预付现场安全文明施工措施费，审核批准已落实的费用和即将发生的费用，保障相关措施费用的专款专用。

具体的安全文明施工费预付款监督检查图如图 7-7 所示。

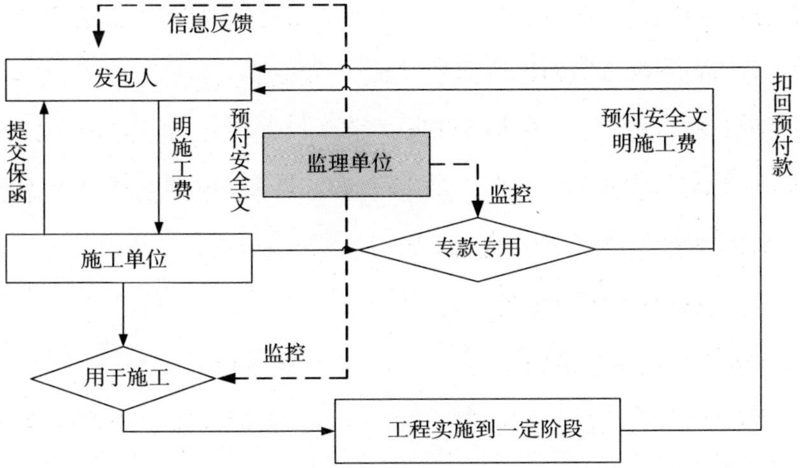

图 7-7　安全文明施工费预付款监督检查图

b. 安全文明费支付流程（图 7-8）

施工单位在工程开工前需制定专项的安全措施费使用计划，经建设单位或监理单位审查批准后实施。施工单位提供该项目的安全防护、文明施工计划清单，经监理单位审查和安监站核查后可分三个阶段将措施费拨付给施工单位使用。

• 工程项目施工合同签订之日起 5 日内，申请首期措施费。合同工期在一年以内的，可申请措施费总额的 50%；合同工期在 1 年以上的（含 1 年），首期可申请安全措施费总额的 30%；

• 工程项目施工进度完成 50%时，可申请第二期措施费，申请额的比例按合同约定；

• 剩余的措施费，在该项目主体工程完成后，由施工单位根据工程的实际情况申请拨付，但总额不得超支。

通过上面的分析可以知道，安全文明施工费支付的流程中，按时间和额度的约定支付是其真实性、合法性的关键点，监理方要对这一点进行严格的监控。

具体的安全文明施工费的支付流程如图 7-8 所示。

②总价子目下竞争性措施项目费的支付方式

a. 计量周期平均支付法。将各个总价措施项目的总金额按合同约定的计量周期平均支付；

b. 工期百分率完成法。按工期进展百分率法支付，求出工程进展时间占总工期的百分率，然后用该项措施项目的总价乘以这个百分率就可得到所应支付的本月该项措施项目费，但由承包商原因造成的拖延工期应扣除；

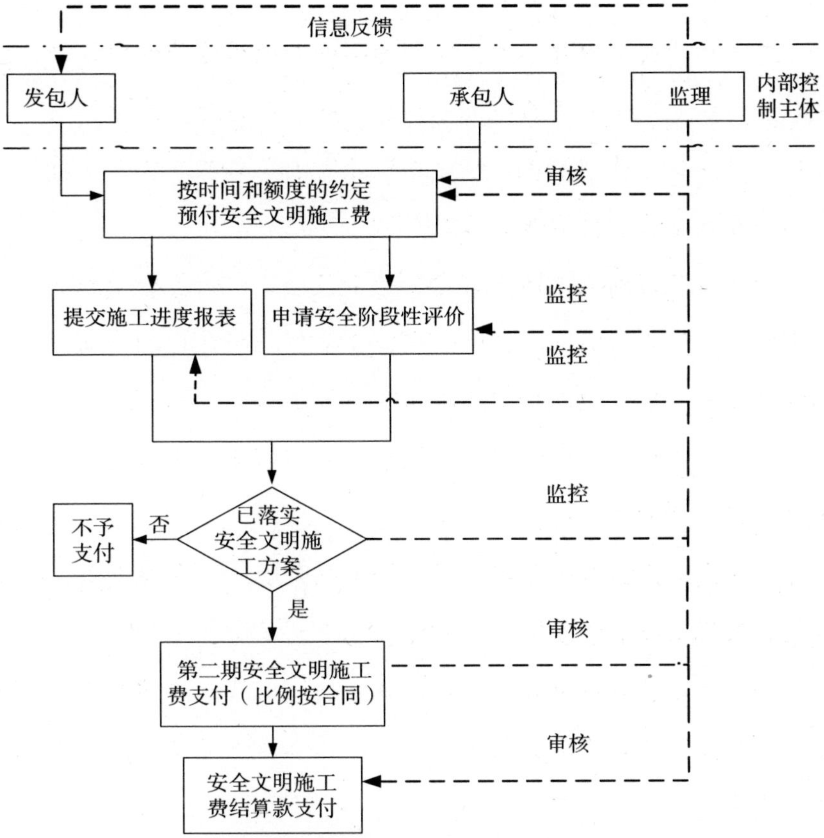

图 7-8　安全文明费的支付流程图

注：对价款支付/结算进行内部控制分析的过程中，实箭线表示支付的实际进程，虚箭线表示控制主体间关键控制活动线路的信息流。

c. 比例法。

• 对于那些持续时间为 2 个月以内（含 2 个月）的活动，可以采用 0/100%法。0/100%法是指活动刚开始时其支付为零，活动全部结束时支付其该项活动合同价的 100%，如图 7-9 所示。

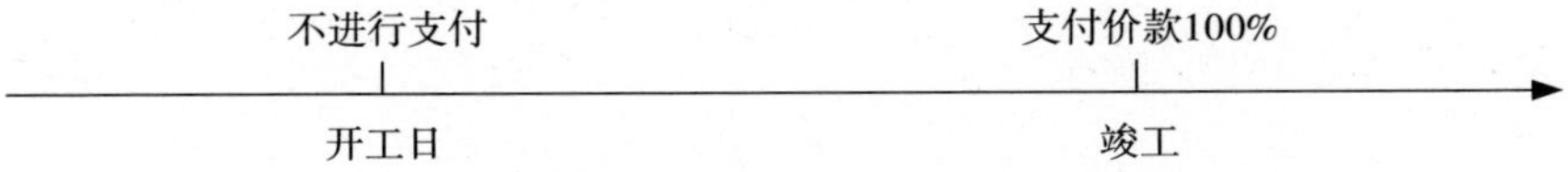

图 7-9　0%/100%比例法图解

②对于那些持续时间为3～4个月的活动，可以采用30％/70％法、50％/50％法、20％/80％法。30％/70％法是指该活动刚开始时支付其该活动合同价的30％，活动全部结束时支付剩余的70％。比例可以视工程情况事先在合同中明确规定。如图7-10所示。

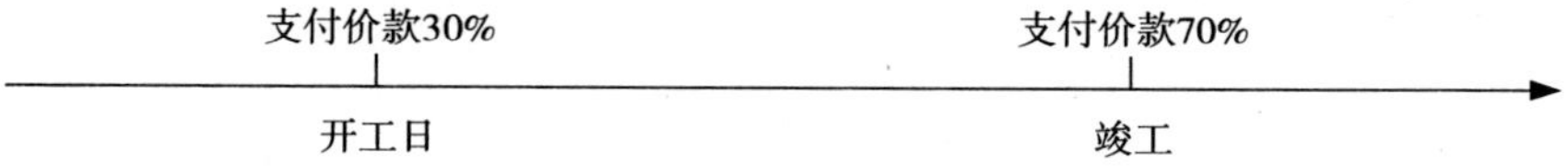

图7-10　30％/70％比例法图解图

第8章 竣工结算精细化管理

8.1 竣工结算精细化管理依据

1. 竣工结算的概念

《建设项目工程结算编审规程》（CECA-GC3—2010）第2.0.2条明确规定：竣工结算是指承包人按照合同约定的内容完成全部工作，经发包人或有关机构验收合格后，发承包双发依据约定的合同价款的确定和调整以及索赔等事项，最终计算和确定竣工项目工程价款的文件。

2. 竣工结算的性质

目前，国内已有《建设工程工程量清单计价规范》（GB 50500—2013）、《标准施工招标文件》（发改委［2007］第56号）和《建设工程价款结算暂行办法》（财建［2004］369号）均对其进行了规定，国外的99版FIDIC《施工合同条件》中也对这一问题进行了界定，具体内容如表8-1所示。

对比分析知，竣工结算是施工企业按照合同规定的内容全都完成所承包的工程，经验收质量合格，并符合合同要求之后，向建设单位进行的最终工程款结算。竣工结算是施工企业争取自身劳务所得经济收益以及业主确定投资所产生固定资产的价值的这一过程性工作的名称。而竣工结算这一过程性工作主要包括竣工结算编制和竣工结算审查。经审查的竣工结算是核定建设工程造价的依据，也是建设项目竣工验收后编制竣工决算和核定新增固定资产价值的依据。

表 8-1　　　　各文件对竣工结算的规定

文件	369 号文	56 号令	13 版《清单计价规范》	新红皮书
条款	第十四条	17.5	11.1.2	14.10
内容	工程完工后，双方应按照约定的合同价款及合同价款调整内容以及索赔事项，进行工程竣工结算	工程接收证书颁发后，承包人应按照专用合同条款约定的份数和期限向监理人提出竣工付款申请单，并提供相关证明材料	竣工结算由承包人或受其委托具有相应资质的工程造价咨询人编制，并应由发包人或受其委托具有相应资质的工程造价咨询人核对	在收到工程的接收证书后 84 天内，承包商应向工程师提交按其批准格式编制的竣工报表一式六份，并附第 14.3 款【其中支付证书的申请】要求的证明文件，详细说明： (a) 到工程的接收证书注明的日期为止，根据合同所完成的所有工作的价值 (b) 承包商认为应进一步支付给他的任何款项； (c) 承包商认为根据合同将应支付给他的任何其他估算款项。估算款项应在此竣工报表中单独列出

3. 竣工结算款的概念

竣工结算款是在项目完工后，发承包双方依据国家有关法律、法规和标准规定，按照合同约定确定的，包括在履行合同过程中按合同约定进行的合同价款调整，是承包人按合同约定完成了全部承包工作后，发包人应付给承包人的合同总金额中实际应支付的竣工结算金额。

根据《建设工程工程量清单计价规范》(GB 50500—2013)第11.4.1条规定:承包人应根据办理的竣工结算文件,向发包人提交竣工结算款支付申请。该申请应包括下列内容:(1)竣工结算合同价款总额;(2)累计已实际支付的合同价款;(3)应扣留的质量保证金;(4)实际应支付的竣工结算款金额。分析知,竣工结算款=竣工结算合同价款总额-累计已实际支付的合同价款-应扣留的质量保证金=实际应支付的竣工结算款金额。

4. 竣工结算款的性质

根据《中华人民共和国民法通则》第84条规定:债是按照合同的约定或依照法律的规定,在当事人之间产生的特定的权利和义务关系。享有权利的人是债权人,负有义务的人是债务人。债权人有权要求债务人按照合同的约定或者依照法律的规定履行义务。作为一种法律关系,债是民法调整财产关系的结果。但民法调整财产关系所形成的法律关系,并非都是债的关系。债的关系与其他财产法律关系相比较,具有以下特征:

(1)债反映财产流转关系;

(2)债的主体双方只是能特定的;

(3)债的客体是债务人应为的特定行为;

(4)债须通过债务人的特定行为才能实现;

(5)债的发生具有任意性、多样性。

通过竣工结算款的概念与债的概念特征进行对比分析知:竣工结算是承包商与业主之间的一种债。竣工结算款反映特定主体(承包商与业主)之间的财产流转关系,承包商依据合同完成项目建设的这一特定行为导致了双方关系的产生。

8.2 竣工结算精细化管理程序

依据《建设工程价款结算暂行办法》(财建［2004］369号)第十四条相关条款的规定，办理工程竣工结算基本流程如图8-1所示。

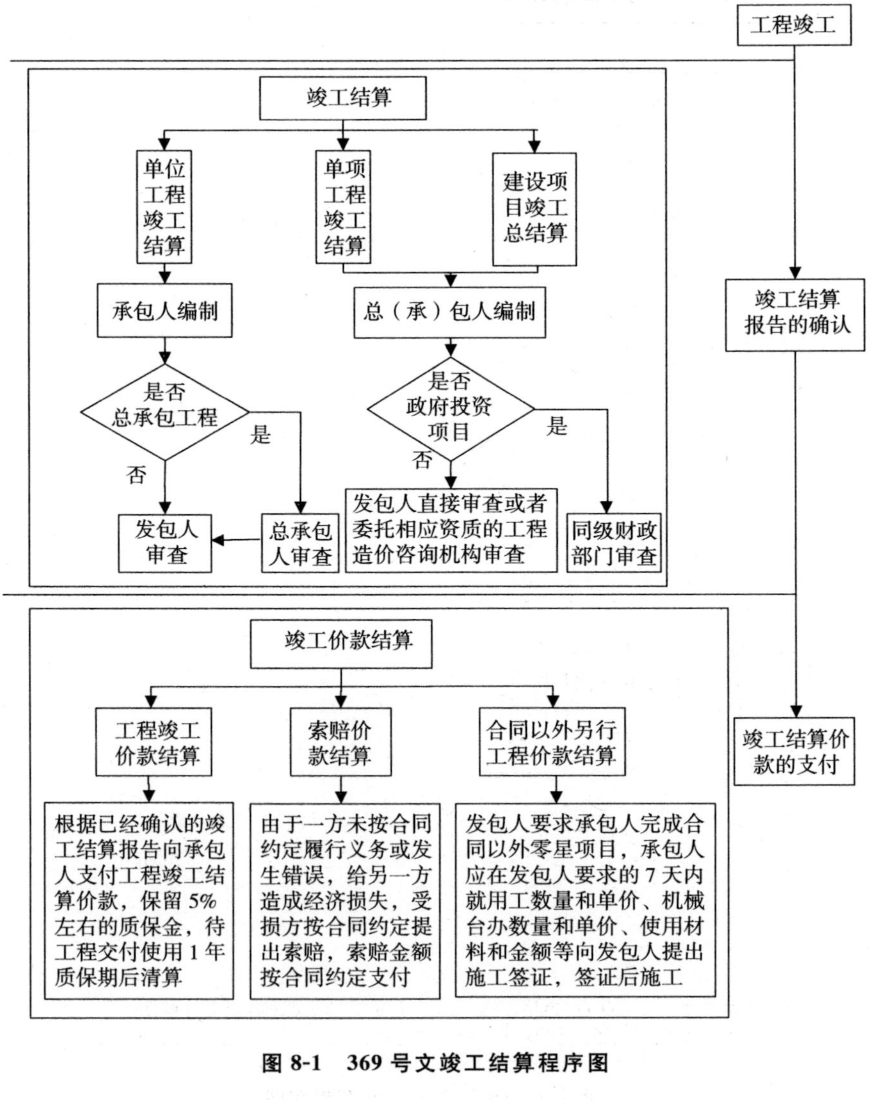

图8-1　369号文竣工结算程序图

依据《标准施工招标文件》（发改委［2007］第 56 号）中第 17.5 条相关条款的规定，办理工程竣工结算基本流程如图 8-2 所示：

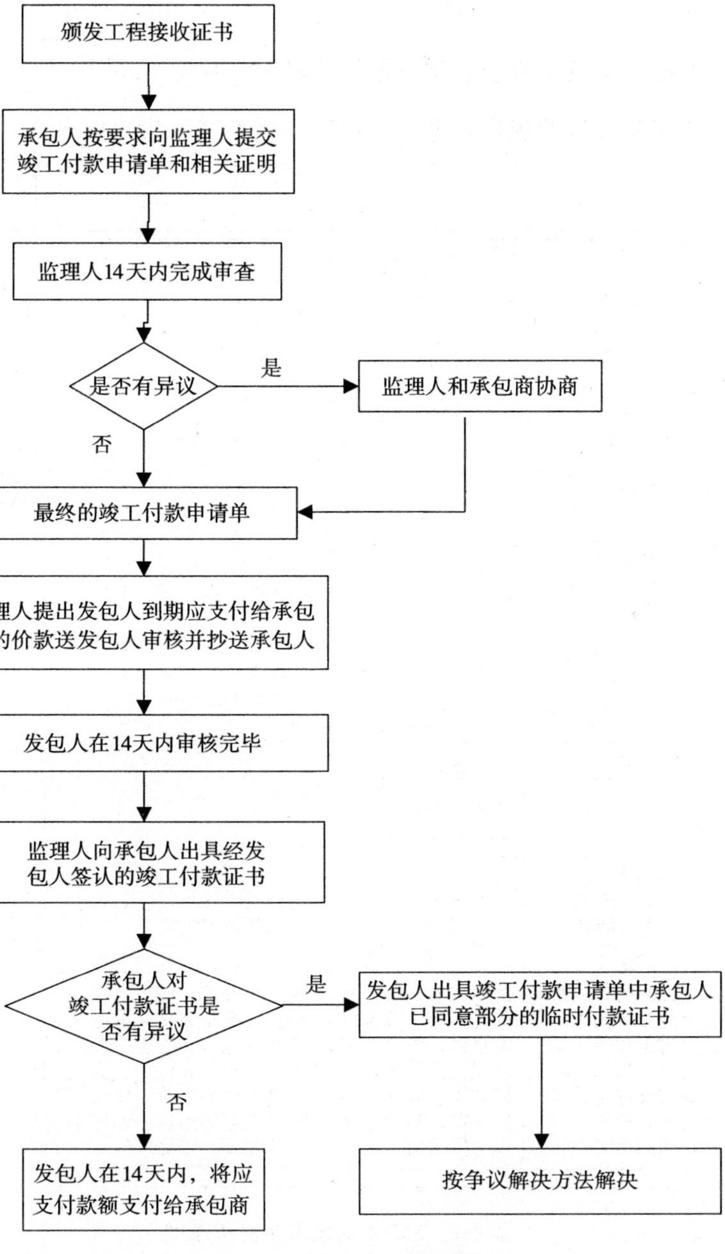

图 8-2　56 号令竣工结算程序图

依据《建设工程工程量清单计价规范》（GB 50500—2013）第11.3条相关条款的规定，办理工程竣工结算基本流程如图8-3所示。

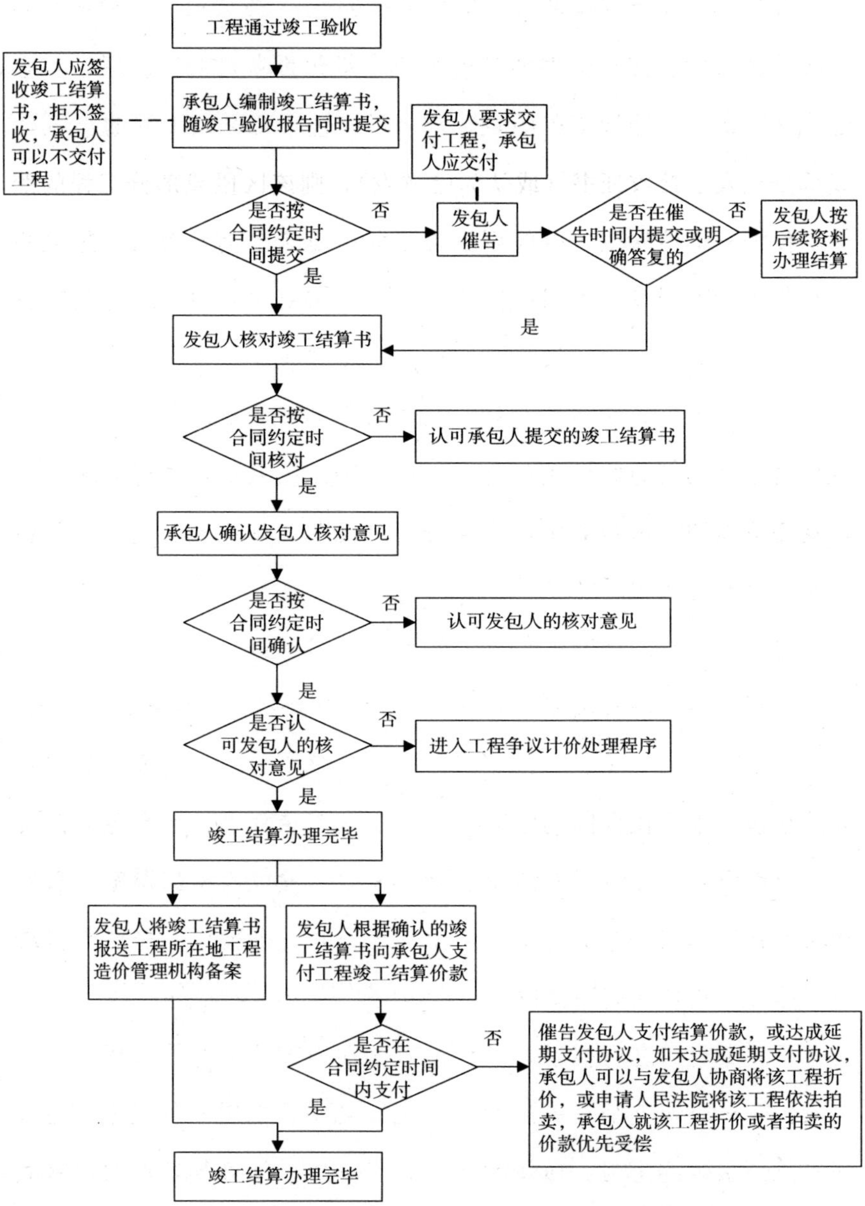

图8-3　13版《清单计价规范》竣工结算程序图

对于各文件对竣工结算的规定主要差别存在于结算的编制时间。根据FIDIC《施工合同条件》（1999年第一版）第17.2条规定，从工程开工日期起直到颁发（或认为根据第10.1款“对工程和区段的接收”已颁发）接收证书的日期为止，承包商应对工程的照管负全部责任。此后，照管工程的责任移交给雇主。如果就工程的某区段或部分颁发了接收证书（或认为已颁发），则该区段或部分工程的照管责任即移交给雇主。由此可见竣工验收是承包商对项目承担风险的结束点，而结算在不同法律法规文件上编制时间的不同从某种程度上来讲也是对工程完成后项目风险的不同考虑，在竣工验收前进行结算的，承包商在结算后对工程依然有照看义务，结算工作的完成也是作为竣工验收的条件之一。而在竣工验收后，进行的竣工结算则侧重强调与项目有关所发生资金的给付，在结算过程中，承包商对项目不再承担风险。

在上述竣工结算流程中需注意以下几个问题：

（1）承包人递交竣工结算书。承包人应该在合同规定的时间内，完成竣工结算书的编制，并在提交竣工验收报告的同时递交给发包人。承包人未能在合同约定时间内提交竣工结算书，经发包人催促后，仍然没有提交或没有给出明确答复的，发包人可以根据已有的相关资料办理竣工结算，责任由承包人自负，且发包人要求交付竣工工程的，承包人应当交付。

（2）发包人进行核对。发承包双方在办理竣工结算过程中，有关发包人核对竣工结算书的期限应在合同中予以明确的规定，在合同中没有明确约定时，应按照《建设工程价款结算暂行办法》有关规定进行办理。

(3) 工程竣工结算价款的支付。根据确认的竣工结算书，承包人向发包人申请支付工程竣工结算款。发包人应在合同约定时间内支付结算款，到期没有支付的，发包人对此应承担违约责任。承包人可以催告发包人支付结算价款，或者双方达成延期支付协议，发包人应按同期银行贷款利率支付拖欠承包人的工程价款的利息。如未达成延期支付协议，承包人可以与发包人协商将该工程折价，或向人民法院申请，将该工程依法拍卖，承包人就该工程折价或者拍卖的价款享有优先受偿权。

(4) 工程竣工结算争议处理。依据《工程价款结算暂行办法》第四章工程价款结算争议处理规定：如果当事人一方对竣工结算书有异议的，可对工程结算中存在的异议部分，向有关部门申请咨询后，另议协商处理，若不能达成一致的，双方可按合同约定的争议或纠纷解决程序办理。发包人对工程质量有异议，已竣工验收或已竣工未验收但实际投入使用的工程，其质量争议按该工程保修合同执行；已竣工未验收且未实际投入使用的工程以及停工、停建工程的质量争议，存在争议部分的竣工结算应该予以暂缓办理，双方可就有争议的工程委托有资质的检测鉴定机构进行检测或鉴定，根据检测结果确定解决方案，或按工程质量监督机构的处理决定执行，其余部分的竣工结算依照合同中约定的办理；当事人对工程造价发生合同纠纷时，可通过下列办法解决：

①双方协商确定；

②按合同条款约定的办法提请调解和和解；

③向有关仲裁机构申请仲裁或向人民法院起诉。

8.3　竣工结算精细化管理措施

8.3.1　编制

竣工结算的编制方法应区分施工发承包合同类型，采用相应的编制方法。在工程实际中用到的结算编制方法主要有增减账法、包干法、施工图预算加变更签证、竣工图重算法、跨年工程竣工结算造价综合法等。但对于不同的工程价款约定方式，其对应的操作办法也各具特色。《建设工程价款结算暂行办法》（财建［2004］369号）第八条明确了发承包人在签订合同时对于工程价款的约定方式：固定总价、固定单价和可调价格。这三种工程价款约定方式下具体的结算编制方法为：

1. 固定总价模式下竣工结算的编制

固定总价模式在现实中的合同表现形式为固定总价合同（合同双方以总价形式，约定合同范围内双方的工作内容、责任与义务的合同形式）。固定总价合同通常的结算方式为签约合同价加合同约定范围内的价款调整部分（竣工结算价＝签约合同价＋合同约定范围内的价款调整部分）。

2. 固定单价模式下竣工结算的编制

固定单价模式在现实中的合同表现形式为固定单价合同（合同双方以工程量清单和综合单价的形式，约定合同范围内双方的工作内容、责任与义务的合同形式）。

（1）增减账法

此种方法的试行基础是施工图预算较为准确的中小型工程。单价合同的竣工结算价＝中标价±价格调整。由于中标价已经敲定，故此时的重点在于调整部分，而对于调整部分的规定则需参照相关文件和合同专用条款。

以下将从文件规定的角度对调整部分进行说明：

《建筑工程施工发包与承包计价管理办法》（建设部令第107号）

第十五条“单价合同价款的调整”单价合同中，发承包双方应明确各自承担风险的内容及其范围或幅度，以及超出该范围或幅度工程价款调整的因素、方法和程序，并应符合以下规定：

①招标工程应以投标截止日前28天，非招标工程应以合同签订前28天为基准日，其后因国家的法律、法规、规章和政策发生变化而影响工程造价的，应按省级建设行政主管部门的相关规定调整合同价款。

②工程量清单漏项或非因承包人原因引起的工程变更造成的工程量增减应调整工程量，并相应调整合同价款。

③工程量的变化超出合同约定的范围，人工、材料、机械台班价格波动超出合同约定的范围，以及工程量清单项目特征描述与实际施工图纸不符时，应调整综合单价。

④工程量、综合单价的变化，工程设计变更，工期调整或因发包人原因引起的工程措施方案的变化，应调整措施项目费用。

⑤安全文明施工费、规费和税金等费率发生变化或取费基数发生调整时，应调整相应费用。

具体如图8-4所示：

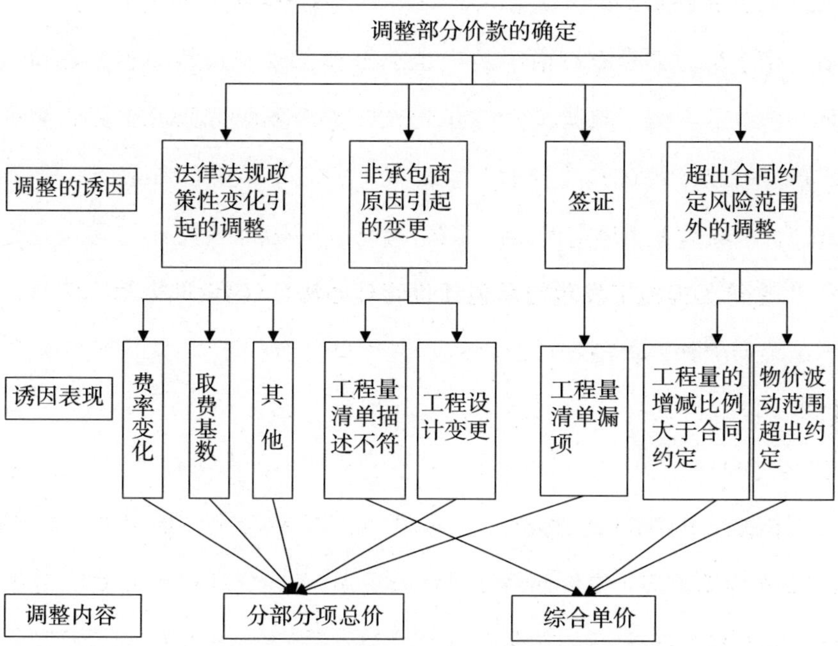

图 8-4　单价合同调整部分价款确定图

（2）竣工图重算法

对于大型工程项目，工程过程复杂，控制难度大，且在设计施工时不可预见的因素多，这就造成了如果还按照施工图预算加变更签证的算法不仅会导致结算工作量的加大，另外对于发承包双方之间的权利义务分配也不具备均衡性。此时大部分企业采取了竣工图重算法进行竣工结算的编制。由于是固定单价合同，除发生的合同风险范围外的调整，其余综合单价保持不变，具体的算量方法可见算量实务。

3. 可调价格模式下竣工结算的编制

可调价格模式的合同表现形式为可调价格合同，这种合同类型类似于传统意义上的按实结算制度。这种按实结算的形式常常发生在直接发包的工程上。由于是确定了乙方之后才谈判施工方案和预算造价，乙方由于自身的利益优先性，常常采取“低价中标，高价索赔”的方式增加自身利润。该模式下的竣工结算的编制方法主要表现为竣工图重算法，区别于固定单价合同的是该模式仍需注意综合单价的计取。由于合同模式的特殊性，对于工程中发生的变更和索赔等需更加谨慎处理。

8.3.2 审查

1. 竣工结算审查概述

根据《建设工程价款结算暂行办法》(财建［2004］369号)，竣工结算书编制完成后，须提交发包人由其审查（政府投资项目，由同级财政部门审查）确认才能有效。发包人在收到承包人提出的工程竣工结算书后，由发包人或其委托的具有相应资质的工程造价咨询人对其进行审查，并按合同约定的时间提出审查意见，作为办理竣工结算的依据。

竣工结算审查的目的在于保证竣工结算的合法性和合理性，正确反映工程所需的费用，只有经审核的竣工结算才具有合法性，才能得到正式确认，从而成为发包人与承包人支付结算款项的有效经济凭证。

承发包双方在办理竣工结算过程中，有关期限的确定应在具体合同中予以明确，在合同没有明确约定时，依据《建设工程价款结算暂行办法》(财建［2004］369号）有关规定进行办理。其中，发包人应按以下规定时限进行核对（审查）并提出审查意见。结算时限审查表如表8-2所示。

表 8-2　　建设工程不同资金规模的竣工结算审查时限表

序号	工程竣工结算报告金额	审查时间
1	500 万元以下	从接到竣工结算报告和完整的竣工结算资料之日起 20 天
2	500～2000 万元	从接到竣工结算报告和完整的竣工结算资料之日起 30 天
3	2000～5000 万元	从接到竣工结算报告和完整的竣工结算资料之日起 45 天
4	5000 万元以上	从接到竣工结算报告和完整的竣工结算资料之日起 60 天

建设项目竣工总结算在最后一个单项工程竣工结算审查确认后 15 天内汇总，送发包人后 30 天内审查完成。

《建设项目结算编审规程》（CECA/GC3—2010）、《建设项目全过程造价咨询规程》CECA GC4—2009 中对竣工结算审查的依据、要求、做法均做出了详细的规定。

对竣工结算资料的收集与整理，不仅是编制竣工结算的前提，也是进行竣工结算审核的前提。在进行竣工结算的审核时，要充分依靠竣工结算资料。除了工程结算文件外，竣工结算审核的依据也包括其他很多内容。具体来说，竣工结算审核的依据如图 8-5 所示：

竣工结算审核的依据：

1. 工程结算审查委托合同和完整、有效的工程结算文件；
2. 国家有关法律、法规、规章制度和相关的司法解释；
3. 国务院建设行政主管部门以及各省、自治区、直辖市和有关部门发布的工程造价计价标准、计价办法、有关规定及相关解释；
4. 施工发承包合同、专业分包合同及补充合同，有关材料、设备采购合同。招投标文件，包括招标答疑文件、投标承诺、中标报价书及其组成内容；
5. 工程竣工图或施工图、施工图会审记录，经批准的施工组织设计，以及设计变更、工程洽商和相关会议纪要；
6. 经批准的开、竣工报告或停、复工报告；
7. 建设工程工程量清单计价规范或工程预算定额、费用定额及价格信息、调价规定等；
8. 工程结算审查的其他专项规定；
9. 影响工程造价的其他相关资料。

图 8-5　竣工结算审核依据

2. 竣工结算审查方法

对于工程竣工结算的审核工作，一般都要求对各种审核对象进行不重不漏的再核对与计算，所以竣工结算的时候，运用的比较多的一种方法是全面审核法。全面审核法就是按照竣工图的要求，结合现行定额、施工组织设计、承包合同或协议以及招投标文件的规定等，全面地审核工程数量、单价以及费用计算。除了全面审核之外，还有其他的一些审核方法。在竣工结算的实际工作中，要根据实际情况，采用适用于不同工程实际情况的审核方法。合理的审核方法不仅能达到事半功倍的效果，而且直接关系到审核的质量和效率，常用的其他一些审核方法可分为以下几种，如表 8-3 所示。

表 8-3　　工程竣工结算审查的方法表

审核方法	内容	特点	举例
全面审核法	对于工程竣工结算的审核工作，一般都要求对各种审核对象都要进行不重不漏的再核对与计算，所以竣工结算的时候，运用的比较多的一种方法是全面审核法	全面和细致，审查质量高、效果好；缺点是：工作量大、时间较长	——
重点审核法	该方法一般选择工程量大、单价高、对预算造价有较大影响的项目进行重点审核；其次对补充单价进行重点审核；再就是对计取的各项费用（计取基础、计取依据、取费标准等）进行重点审核；另外对材料价格差价调整也应仔细核实	该方法的优点是工作量相对减小，效果较佳	——

续表

审核方法	内容	特点	举例
对比审核法	在总结分析竣工结算资料的基础上，找出同类工程造价及工料消耗的规律性，整理出用途不同、结构形式不同、地区不同的工程的单方造价指标、工料消耗指标。然后，根据这些指标对审核对象进行分折对比，从中找出不符合投资规律的分部分项工程，针对这些子目进行重点计算，找出其差异较大的原因的审核方法	——	常用指标有以下几种： ①单方造价指标（元/米、元/平方米、元/立方米； ②各部分工程比例：基础、楼板、屋面、门窗、围护结构等各占定额直接费的比例； ③各种结构比例：砖石、混凝土及钢筋混凝土、木结构、金属结构、土石方等各占定额直接费的比例； ④专业投资比例：土建、给排水、采暖通风、电气等各专业占总造价的比例
分组计算审核法	首先把若干分部分项工程，按相邻且有一定内在联系的项目进行编组。利用同组中分项工程间具有相同或相近计算基数的关系，审查一个分项工程数量，就能判断同组中其他几个分项工程量的准确程度	这种方法的最大优点是审查速度快，工作量小	一般把底层建筑面积、底层地面面积、地面垫层、地面面层、楼面面积、楼面找平层、楼板体积、天棚抹灰、天棚涂料面层编为一组，先把底层建筑面积、楼地面面积求出来，其他分项的工程量利用这些基数就能得出
常见病审查法	一般包括结算编制中常出现的工程量计算误差、定额单价套用误差、项目重复误差、综合费用计算误差等内容	——	计算误差包括：①全按理论尺寸计算工程量；石、钢筋混凝土基础T形交接重叠处重复计算；地面孔洞、所占面积不扣除。②套用误差：混凝土强度等级；右子粒径；构件断面、单件体积；砌筑砂浆。③重复误差：块料面层下找平层；沥青卷材防水层，沥青隔气层下的冷底子油

续表

审核方法	内容	特点	举例
相关项目、相关数据审查法	建筑工程竣工结算项目数据成千上万，项目各数据之间有着紧密的联系。只要认真总结，仔细分析，就可以摸索出它们的规律。应利用这些规律来进行审核，找出不符合规律的项目及数据漏项、重项、工程量数据错误等，然后，针对这些问题进行重点审查	——	如与建筑面积相关的项目和工程量数据；与室外净面积相关的项目和工程量数据；与墙体面积相关的项目和工程量数据；与外墙边线相关的项目和工程量数据；其他相关项目与数据

3. 审核程序

(1) 审核竣工结算资料

对竣工结算资料进行审查是竣工结算审查实施环节的基础性工作，结算资料不充分、不完备必然导致结算内容的要求难以得到有效支持，对其提供的竣工结算资料的审查主要是形式审查，即可通过核对表法审查其资料是否完整，如表8-4所示。

表8-4　　建设工程竣工结算审查资料审查要求表

序号	相关内容	要　求
1	审核发包合同条款	(1) 竣工工程内容是否符合合同条件要求，工程是否竣工验收合格，只有按合同要求完成全部工程并验收合格才能列入竣工结算 (2) 应按合同约定的结算方法、计价定额、取费标准、主材价格和优惠条款等，对工程竣工结算进行审核 (3) 若发现合同开口或有漏洞，应请甲方与乙方认真研究，明确结算要求

续表

序号	相关内容	要求
2	检查隐蔽验收记录	审核竣工结算时应核对隐蔽工程施工记录和验收签证，手续完整，工程量与竣工图一致方可列入结算
3	落实设计变更	设计修改变更应由原设计单位出具“设计变更通知单”和修改图纸，设计、校审人员签字并加盖公章，经发包人和监理工程师审查同意、签证；重大设计变更应经原审批部门审批，否则不应列入结算

（2）审核工程量

工程量的计算工作非常繁重，计算工程量的工作直接影响到结算工作的准确性，所以要准确的核实各个分部分项工程的工程量，并且认真核实工程变更的工程量，及单项工程造价，将竣工资料与原设计图纸进行查对，核实，必要时可到施工现场实地测量，确认实际变更情况。根据经审定的施工单位竣工结算等原始资料，按照有关规定对分部分项工程费与按量计算的措施费进行增减调整，重新核定工程造价。

对于工程量的审核，依据《建设项目结算编审规程》（CECA/GC3－2010），原则上应实行逐项审核，但是对于工程量比较复杂，原则上应逐项实行审核，但对于工程比较复杂，造价比较高的大中型项目而言，如果时间紧迫，逐一审核费时费力，且审核效益未必很高，所以，可以实行抽审。对以下几类内容应做重点审查（表8-5）：

①重点审核投资比例较大的分项工程，如基础、钢筋、混凝土、砌筑等项目；

②重点审核容易混淆或有漏洞的项目，如建筑工程中的内外墙

体砌筑应以实砌体积计算，需要扣除门窗洞口以及嵌入其中的柱、梁的体积，施工单位在实际计算中往往不扣或少扣该部分的体积；

③注意仪表、卫生器具、电缆、管道的阀门已计入定额，要防止施工单位又计入安装工程量；

④防止工程量的重复计算，如钢筋混凝土基础T形交接处，以及梁、板、柱交接处等等。

表8-5　　重点审查工程量应注意的事项表

序号	类别	内　容	备注
1	土方工程量	由于放坡而引起不同基础土方之间的重复部分及放坡系数的确定	——
2	基础工程量	正确把握和计算无护壁挖孔桩混凝土以及原槽浇灌基础和凹凸不平的岩壁混凝土的充盈“量”	有关基础工程及混凝土挡墙临岩岩壁面混凝土充盈量的计算
3	砌体	注意门窗、梁、柱、空圈等是否扣除	——
4	混凝土和钢筋混凝土工程量	钢筋混凝土基础，钢筋混凝土墙体、柱、梁、楼板、楼梯等尤其要注意。钢筋混凝土工程应注意柱、梁、板的重叠部分；钢筋工程的计算应注意钢筋的搭接、弯钩长度，梁柱箍筋、板底筋、板分布筋的根数，各种构件的数量	审查时应要求乙方提供钢筋抽料的原稿
5	门窗工程部位	尤其是铝合金门窗，重点审核面积是否按框外围面积计算	——
6	楼地面以及屋面工程量	设计构造层次和定额项目包括内容的相对应性	如定额或消耗量定额中已包含的构造层次，应避免重复计算

续表

序号	类别	内　容	备注
7	脚手架工程量	由于脚手架从定额划分上有“综合脚手架”和“单项脚手架”。审查时应注意综合脚手架已包括了的工作内容和范围时，就不能再重复计算单项脚手架	——

(3) 审核综合单价

对于综合单价的审核，应严格执行计价依据。除投资包干部分外，结算单价应按合同约定或招投标规定的计价定额与计价原则执行，如以当地（或行业）当时执行的建筑安装工程预算定额单价，当地（或行业）、建设行政主管部门和工程造价管理部门发布的人工费、材料的价格指数及有关规定为准。定额单价没有的项目应按类似定额进行分析换算，或提出人工、机械、材料计价依据，编制补充单价；不得高套、折算，不得随意估算或重复计算。

在审查综合单价时，应从以下几个方面进行，如图 8-5 所示。

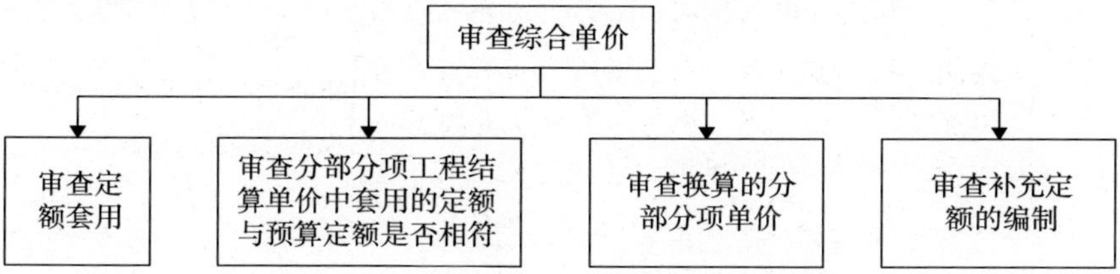

图 8-5　审查综合单价时应包括的内容图

①审查有无乱套定额

严格按照法规文件的执行范围、日期、调整内容及调整办法进行各项政策性调整，坚决杜绝断章取义现象的发生。注意乱套或重套定额问题。一是对定额理解不深不透，对其中的工作内容、工料构成未作深入细致的分析；二是有的乙方明知故犯，遇到定额中类似的子目哪个费用高就往哪个靠，天平总想往有利自己的一边倾斜。

②审查分部分项工程结算单价中套用的定额与预算定额是否相符

比较分部分项工程结算单价中套用的定额与预算定额的名称、规格、计量单位和所包括的工程内容是否与单位估价表一致，防止高套定额情况。

a. 工程项目名称与设计图纸标准是否一致。如：混凝土强度等级、水泥砂浆比例；

b. 单价子目内容是否与设计相符；

c. 看定额编号是否与项目名称相对应；

d. 看定额中已综合的项目是否又单独计算。

另外，还要注意的是定额的“勘误”。由于各种原因，各种定额也会有不同程度的勘误，且分布面广，在编制预算时，按照勘误前的子目计价，必然产生失误。

③审查换算的分部分项工程

对换算单价，审查换算的分项工程是否是定额中允许换算的，审查换算是否正确。

④审查补充定额的编制

对补充定额的编制是否符合编制原则，单位估价表计算是否正确。定额中缺项的工程项目不依据有关规定办理，甲乙双方自行定价，并且定的价格不合理。国家颁发的定额是依据标准设计图以及有关规范和常规的施工方法编制的，具有一定的代表性，但随着新技术、新材料、新工艺、新设备的推广应用和随着时间的推移，定额缺项与施工中操作方法发生变化在所难免。特别是装饰工程、设备安装工程、材料设备价格混乱、信息不灵的情况下，甲乙双方议价不免存在片面性、局限性，遇到类似问题应及时向当地定额管理部门反映，由这些部门测定、补充定额，或者负责公开招标。这样，一方面能够避免乙方漫天要价，另一方面甲方也不会盲目追求降低招标控制价。

（4）审核各项费用的计取

建筑安装工程的取费标准应按合同要求或项目建设期间与计价定额配套使用的建筑安装工程费用定额及有关规定执行，先审核各项费率、价格指数或换算系数是否正确，价差调整计算是否符合要求，后核实特殊费用和计算程序。要注意各项费用的计取基数，如安装工程以人工费为基数。建筑工程按工程类别取费，计取基数不同的应分别计算。审核各项费用的计取应注意的问题如表 8-6 所示。

表 8-6　　审核各项费用的计取应注意的问题表

类别	内　容
审查重点	①审查取费基数是否正确。装饰工程取费基数中是否包括了人工费调整、材料价格调整； ②审查是否有擅自提高取费等级的情况。如把四类工程按三类工程取费等； ③审查是否存在普通装饰工程按中高级装饰工程取费的情况。取费应根据当地工程造价管理部门发布的信息
注意事项	①取费文件的时效性； ②执行的取费表是否与工程性质相符； ③费率计算是否正确； ④价差调整的材料是否符合文件规定
备注	其他费用计取涉及一些具体问题，如材料的二次搬运、大型机械进出场费、施工用水电摊销方法、赶工费等。双方在签订合同时，有些事先明确，如事先没有明确，在事后应本着实事求是的态度，求得公平解决，如果意见不统一，请上级审查部门裁定

（5）审查材料费用

材料费占工程结算值的比重相当大，直接影响着工程造价，审查过程中必须严格把关。建设工程材料预结算价格是否准确，材料价差调整是否符合规定，有无随意扩大调差范围的问题。对于特殊的新型材料、配件的预结算价格，必须由使用单位提供有关资料及测算依据，按程序报审核确认后，方可进入工程预结算。材料费用的重点审查项目如表8-7所示。

表8-7　材料费用的审查重点表

审查方面	内　　容
材料购货发票	纠正单纯靠材料购货发票作为工程结算材料调价依据的做法。购货发票管理比较混乱，不能反映实际发生的材料价格；购货发票认定比较困难，工作量大，容易引起结算纠纷，实际每宗材料采购供应也不能与每个具体工程一一对应。再者，其透明度差，随意性大，不便于结算的编制、审查
材料差价	审查是否按规定计算材料差价。既不能凭经验计算，也不能将所购材料数量全部列入结算，而应按定额计算用量结算
材料调价系数	审查材料调价系数是否严格按照工程造价管理部门发布的系数标准计取，新型建筑材料调价是否履行了审批程序
甲供材	审查是否存在承包人将发包人委托购买的材料列入工程结算： 1）对于按系数法计算的材差部分，注意材差系数的变化和材差计算的基数规定，以地方有关主管部门每季度下发的文件为审价标准，注意材差系数计取的时间与施工进度是否一致； 2）对于按实结算的材料在审核其价差时，以审核材料用量和材料的实际价格为主。对那些可以据实调整的材料直接审查乙方的原始票据，特别对装饰材料加强审查力度

（6）审核隐蔽工程

目前，在很多建设项目中隐蔽工程在施工过程中没有验收记录，到竣工结算时，施工企业找有关人员补隐蔽工程的验收记录，然后列入结算。有的甚至实际上没有发生，后来也列入到结算中，这种事后补办的隐蔽工程验收记录，不仅存在严重的质量隐患，而且存在严重的徇私舞弊腐败现象。

因此，在审核隐蔽工程的价款时，一定要严格审查隐蔽工程验收记录手续的完整性、合法性。验收记录上除了监理工程师确认外，还要加盖建设单位公章并注明验收记录的日期，防止事后补办记录或虚假验收记录的发生。审核竣工结算时应该有隐蔽工程施工记录和验收签证，手续完整，并且工程量与竣工图一致方可列入结算。

（7）审核索赔费用

索赔费用的审查是竣工结算审查过程中的重点与难点。具体的要求和审查要点如表 8-8 所示。

表 8-8　　审查索赔的要求和要点表

类别	内　　容	
审查索赔的基本要求	①所提出索赔必须以合同为依据； ②提出索赔必须有发承包双方认可的签字； ③提出索赔方必须是损失实际发生； ④索赔费用计取符合国际或国内标准	
审查索赔费用的要点	索赔事件证明材料的完整性与充分性	审核索赔方提交的记录和证明材料是否真实、完整，必要时可要求承包人提交全部原始记录副本或现场踏勘取证
	索赔程序的合法性	即审核索赔事件的处理是否按照合同条款约定的具体程序进行

续表

类别	内　　容	
审查索赔费用的要点	索赔提出及处理的时效性	只有在发承包双方签订的工程施工合同文本中具体约定的时限内提出索赔或进行处理的，才可能索赔成立；否则，将使索赔方自动失去对合法权益进行追偿的权利
	索赔事件的责任归集的合理性	根据合同条件及其风险分担方案，审查索赔事件发生后的责任划分是否符合合同条件及建设工程实施的惯例
	索赔费用计算	审查索赔费用计算的依据是否合理、计算结果是否准确

参考文献

［1］希尔顿．成本管理［M］．北京：机械工业出版社，2010.

［2］埃文斯·林赛（美）．质量管理与质量控制（第7版）［M］．北京：中国人民大学出版社，2010.

［3］鲍勃·费尔普斯．标准管理：一流企业精细化管理实践［M］．北京：经济管理出版社，2005.

［4］张新，于小四．工程项目“六位一体”精细化管理［M］．北京：中国铁道出版社，2011.

［5］王德敏．成本费用控制精细化管理全案（第2版）［M］．北京：人民邮电出版社，2012.

［6］王德敏．企业内控精细化管理全案（第2版）［M］．北京：人民邮电出版社，2012.

［7］鹿伟．过程监控与精细化管理［M］．北京：中国电力出版社，2009.

［8］吴宏彪，赵辉．精细化管理持续改善［M］．北京：北京理工大学出版社，2013.

［9］姚水洪，陈仕萍．现代企业精细化管理实务［M］．北京：冶金工业出版社，2013.

［10］张灿松．成本精细化管理［M］．北京：科学出版社，2011

［11］陈玉洁．企业成本核算与费用控制全书［M］．北京：经济科学出版社，2013.

[12] 孙念怀. 精细化管理3 [M]. 北京：新华出版社，2005.

[13] 刘俊勇，韩向东. 精细化成本管理 [M] 北京：机械工业出版社，2009.

[14] 周群. 经济资本约束与商业银行精细化管理研究 [D]. 天津大学，2004.

[15] 季秋野. 精细化管理在A公司施工项目管理中的应用研究 [D]. 复旦大学，2009.

[16] 但淑英. 长大公司建筑项目施工精细化管理的案例研究 [D]. 华南理工大学，2012.

[17] 张志民. 以现金流为核心的房地产项目精细化管理研究——以济南明湖柳岸棚户区改造项目为例 [D]. 山东大学，2009.

[18] 王琪. 精细化管理在房地产项目中的应用研究 [D]. 天津大学，2012.

[19] 乐勋. 电力工程建设项目精细化管理研究 [D]. 华北电力大学，2012.

[20] 罗洋. 精细化管理在工程项目管理中的应用 [D]. 华南理工大学，2010.

[21] 王强. 精细化管理在施工项目中的应用研究 [D]. 西安建筑科技大学，2011.

[22] 鲁怀民. 工程项目精细化管理实践与探索 [J]. 水力发电，2008 (11)：92—94.

[23] 易军. 建筑工程项目施工的精细化管理 [D]. 重庆大学，2008.

[24] 韩瑛. 项目精细化管理的探讨 [J]. 山西建筑，2012 (24)：268—269.

[25] 翟超，贺灵童. BIM技术助力工程项目精细化管理——BIM技术在

九洲花园 2. 1. 2 期项目建造阶段的应用 [J]. 土木建筑工程信息技术，2011 (3)：74—80.

[26] 薛萃. 浅谈做好项目精细化管理应抓好的五个环节 [J]. 山西建筑，2011 (31)：244—245.

[27] 王家平. 济菏高速公路建设项目的精细化管理研究 [D]. 山西大学，2011.

[28] 杨文军，嵇康东. 东莞篮球中心项目精细化管理的实践 [J]. 工程管理学报，2011 (4)：438—432.

[29] 葛瑞平，王琴. 浅议建筑业如何实现工程项目精细化管理应对低碳经济时代的到来 [J]. 经济师，2011 (6)：238—242.

[30] 杨宝明. 突破项目精细化和企业集约化管理瓶颈——基于 BIM 的建企管理之道 [J]. 工程质量，2013 (4)：1—4.